汉普夏猪(公)

大约克夏猪(公)

大约克夏猪(母)

民猪（母）

太湖猪（母）

太湖猪（公）

金华猪（母）

内江猪（母）

内江猪（公）

哺乳仔猪

生长肥育猪(前期)

生长肥育猪(后期)

畜禽养殖技术管理丛书

# 怎样提高养猪效益


主　编

韩俊文　李清宏

编著者

（按姓氏笔画排序）

冯巧兰　李伟前　李清宏

郝瑞荣　韩俊文　杨国义

绘　图

霍文平



金盾出版社

## 内 容 提 要

本书在剖析农村养猪场、养猪户认识误区和生产中存在问题的基础上，就如何提高养猪效益进行了全面阐述。主要内容包括：把握市场波动规律确定养猪规模，猪的引种与调运，种猪的管理与利用，提高仔猪成活率，科学使用饲料，搞好肉猪出栏，环境控制，猪病防治，猪场经营分析等。语言通俗易懂，技术先进实用，针对性和可操作性强，适合养猪户、养猪场人员、畜牧兽医技术人员以及相关院校师生阅读参考。

**图书在版编目(CIP)数据**

怎样提高养猪效益/韩俊文，李清宏主编. —北京：金盾出版社，2004.12

(畜禽养殖技术管理丛书)

ISBN 978-7-5082-3264-5

Ⅰ.怎… Ⅱ.①韩…②李… Ⅲ.养猪学 Ⅳ.S828

中国版本图书馆 CIP 数据核字(2004)第 104740 号

**金盾出版社出版、总发行**

北京太平路 5 号(地铁万寿路站往南)

邮政编码：100036 电话：68214039 83219215

传真：68276683 网址：www.jdcbs.cn

彩色印刷：北京精彩雅恒印刷有限公司

黑白印刷：北京蓝迪彩色印务有限公司

装订：北京蓝迪彩色印务有限公司

各地新华书店经销

开本：787×1092 1/32 印张：7 彩页：4 字数：151 千字

2009 年 6 月第 1 版第 8 次印刷

印数：126001—141000 册 定价：11.00 元

# 前　言

我国的养猪业有 6 000 多年的历史，积累了相当丰富的经验。养猪技术及管理体系是国内外千千万万的养猪专家、学者、教授总结国内外千千万万第一线的养猪生产者、技术人员的生产实践和经验教训，精心设计试验方案、反复专心研究而形成的，而且还在继续研究、不断完善，因为新的问题在不断出现。因此，即使是站在学术前沿、造诣精深的专家、教授，也不是有关养猪中出现的所有问题都经历过，出现的所有问题都能解决的。对于大部分问题可凭着雄厚的知识基础和实践经验，较容易地拿出解决的办法；有的问题则需要进行试验研究，甚至需要反复试验研究才能解决；有的问题则可能限于条件，暂时还不能解决。这也是正常现象。也就是说，养猪专家、教授也会在养猪方面遇到难题，只是相对少一些。养猪生产主要包括品种培育与杂交利用、饲料选择与加工利用、环境控制与疫病防治、经营管理与技术管理等四个大的方面的内容。这四个大的方面都非常重要，而且相互之间关系密切，因而不可偏废。要全面理解和掌握这些技术、知识、理论，还必须具有相关的数学、物理、生理、生化、遗传、育种、免疫及经营管理等的知识、理论、实践。由于农民朋友比较缺乏相关的知识、理论，不可能全面理解和掌握养猪生产的系统化技术、知识、理论，因而在养猪生产中出现方方面面的误区，存在许许多多的问题，并出现一些薄弱环节是不可避免的，也是可以理解的。

应金盾出版社的邀请，我们根据多年的科研、教学、咨询服务经验，参阅了大量文献，针对农民朋友在养猪方面出现的误区、存在的问题和薄弱环节，并按照金盾出版社“语言通俗易懂，简洁明快，适用性强。多写实用技术，少写机制原理；多写当代新理论、新技术，少写古代历史演进”的要求编了《怎样提高养猪效益》这本书，以期农民朋友通过这本书的学习、应用，取得较高的经济效益。由于作者水平有限，不可能完全满足农民朋友的要求，书中还可能出现缺点、知识过时，甚至谬误，为了养猪业的发展，为了社会的进步，敬请读者和同仁毫不保留地提出宝贵意见。

在本书编写过程中，在读硕士生李林凤、陈利荣、繁萍、贾艳梅等做了一定工作。在此，对有关文献作者及李林凤等表示诚挚的感谢。

编著者

2004年10月

# 目　录

# 第一章　把握市场波动规律确定养猪规模

养猪赚不赚钱，经营观念是不可忽视的重要方面。这里主要针对养猪起步误区，讲述如何摆正经营观念，认识和应对养猪市场波动，掌握恰当的起步时机和养殖规模。不同养猪规模要求不同的条件，规模大小各有利弊，应根据实际情况确定养猪规模。

养猪生产产业化则是保证养猪生产长远利益，使养猪生产立于不败之地的生产格局，也是现阶段养猪生产的必然趋势。

## 一、经营观念误区

经营观念误区主要表现在生产起步、停产及经营规模三个方面。

### （一）养猪起步误区

大多数农民朋友很想养猪，但不知什么时候开始养猪为好。于是就通过问问市场上猪肉、生猪和小猪的价格，再看看左邻右舍养不养猪，赚不赚钱，便决定自己养不养猪和养多少猪。这种凭表面现象、看眼前利益、随大流的起步就是起步的误区。由于猪的繁殖速度很快（一头母猪一年可三世同堂产生 70 头后代），这种盲目起步很容易造成“一哄而起”的养猪局面。

### （二）养猪停产误区

当看到养猪市场行情低落，养猪利润较低或赔钱时，感到养猪业形势不妙，于是乎也跟着大伙杀母猪、卖“种猪”、廉价地出售仔猪，有的农民朋友甚至将半大肥猪（克郎猪）也急着廉价出售了，生怕价格继续下跌赔得更多；有的把猪舍略加改造干了别的事业，转了产，比如有的猪舍改为蘑菇培养室种了蘑菇，有的将猪舍改为牛舍养了牛。造成农村养猪一落千丈、“一哄而下”。这一观念误区是造成养猪不稳定，也是造成不稳定的养猪户赔钱的根本原因。

### （三）经营规模误区

在这方面有两种情况，其一是不知道该上多大的规模为好，只是根据自己现有的资金或场地条件决定养猪规模；其二是建了大猪场，而却只养少量猪，不懂得达不到一定规模就会赔钱的道理。比如，山西某县有人建了个万头猪场，而却只养了 2 000 多头，结果每年亏损 30 万元左右。这一经营规模误区是养猪经济效益低下的一个重要原因。

## 二、生猪市场波动规律及其影响因素

由于种种原因，我国养猪业的发展有较大的波动，在市场价格放开后，养猪业的波动更加频繁。随着社会的发展，养猪业由散养为主逐步趋向专业化生产，以取得规模效益。当生猪市场价格下跌到导致养猪生产赔钱时，养猪生产者若不懂经营，没有对策，很可能因赔不起而放弃养猪；若能采取一定措施，则可能少赔钱或不赔钱。

### (一)生猪市场波动规律

由于养猪业在国民经济中占有重要的地位，所以发展很快。回顾50多年的养猪发展历史，其发展过程呈现波浪式上升状态。改革开放之前引起波动的主要因素是政策变动，且波幅较大；之后的主要因素是市场价格调控，波幅较小，但较为频繁。生猪价格随养猪数量增减呈反向波动，波动的特点是呈斜锯齿状，如图1-1。

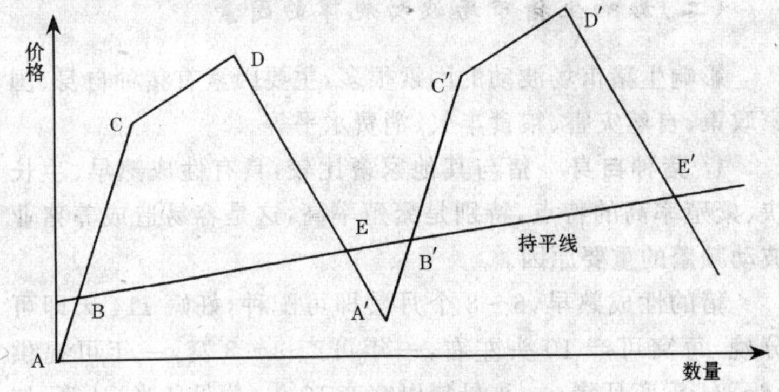


图1-1 肉猪价格波动规律

当养猪头数满足不了市场需要时，生猪的价格由A突然上升到C(B为持平)，养猪由赔钱突然变成大赚钱，此时人们看到养猪赚钱的机会来了，已经养猪的个体户要扩大规模，没有养猪的农户也开始养猪，甚至一些厂矿、行政事业单位也积极筹集资金开办养猪场。这样一来，猪源不仅价格高而且紧缺，尤其是种猪紧缺，于是造成了见母就留的局面。一些本来应该作为商品肉猪的母猪都留做种猪使市场生猪数量更少了，因而生猪价格由C上升到D。当这些新留的种猪开始提供仔猪，甚至提供出栏肉猪时，生猪数量逐渐增多，使生猪价格逐渐下跌。当生猪价格下跌到养猪不赚钱时，即E点，养猪户看见养猪无利可图了，有的压缩规模，有的甚至干脆不养，干脆连母猪也屠宰上市，猪肉市场受到淘汰种猪的冲击，使生猪价格继续下跌到A′点。母猪的大量宰杀导致了仔猪供应不足，进而导致了生猪的不足，生猪的价格又由A′猛增到D′。由此可见，养猪有赚钱的机会，也有赔钱的可能；所以养猪要学会经营，把握时机，根据市场动态采取经营对策。

### （二）影响生猪市场波动规律的因素

影响生猪市场波动的因素很多，主要因素有猪种自身、国家政策、自然灾害、粮食丰欠、消费水平等。

**1. 猪种自身** 猪与其他家畜比较，具有性成熟早、生长快、繁殖率高的特点，特别是繁殖率高，这是容易造成养猪业波动频繁的重要原因。

猪的性成熟早，6～8个月龄即可配种，妊娠114天即可分娩，每窝可产10头左右，一年可产2～3窝，一年可提供16～24头商品猪。一头母猪以窝产10头（公母各半）计算，如果这头母猪后代中的母猪不屠宰任其繁殖，一年可增殖70头，在其有效使用期6年内累计可增殖17.11万头。而“母羊生母羊三年五只羊”，如果期间多生了公羊，则三年也达不到五只羊，牛、马则更少。因为羊、牛、马大多为单胎，而且怀孕期分别为150天、285天、340天，都比猪的长。由此可知，增加或减少1只（头、匹）母羊、母牛、母马，对商品畜数量仅是1只（头、匹）的影响，而猪则是16～24头的影响，为羊、牛、马的16倍以上。因此，养猪业出现波峰的速度较快，出现低谷的速度更快。

**2. 国家政策** 建国以来的50多年，养猪曾经出现过三次大起大落，而其中的大起主要是国家政策的影响，有一次大落也是国家政策的影响。我国畜种结构中猪的比例过大，与我国历来重视生猪生产的政策有关。长期以来，政府一直将猪放在养殖业生产的首位，提倡、贯彻"六畜猪为首"的方针，不仅号召集体养猪，大办猪场，而且提出"一人一猪、一亩一猪"的要求，并给养猪业不少优惠条件和政策，比如20世纪50年代，通过划分饲料地，发放饲料粮、奖售粮，发放缺货工业券(购买肉、粮、香烟、糖、火柴、食盐、缝纫机、自行车等证券)的政策，鼓励农民养猪，因而大大推动了养猪业的快速发展。而在60～70年代大割"资本主义尾巴"，收回饲料地、限制农民个体养猪，养猪业的发展受到很大影响。改革开放之后，重新推行饲料地、饲料粮、奖售粮等有关政策，并多次提高生猪收购价格，再次推动养猪业的发展。随着由计划经济逐步向市场经济的过渡，政策因素的影响越来越小，使养猪业波动的波幅逐步减小。

**3. 自然灾害** 自然灾害通过对种植业的影响，间接影响养猪业的发展，比如1954～1956年的水灾，1959～1961年的干旱。1961年生猪头数仅为1957年的51.76%。由于自然灾害对种植业的影响，使配合饲料中主要原料玉米的数量和价格发生了变化，进而制约了养猪业的发展。

**4. 产品价格** 即生猪或猪肉价格的影响。在一般情况下，如果猪肉的市场价格高，生产者和经营者就愿向市场提供更多的生猪及猪肉产品。反之，如果价格下降，供给量就会减少。如果长期观察养猪生产，我们就会发现这样的现象：当某一时期猪肉的批发价格发生变动，就会使仔猪价格受到影响；随仔猪价格的变动，又影响繁殖用母猪头数；随繁殖用母猪头数的变动，又影响到仔猪生产头数的变动；随仔猪生产头数的变动，又影响到肥育肉猪的屠宰头数；随屠宰头数的变动，影响到生猪的供给量，既而又影响到猪肉的批发价格。这就是世界上有名的“猪循环”(图 1-2)。

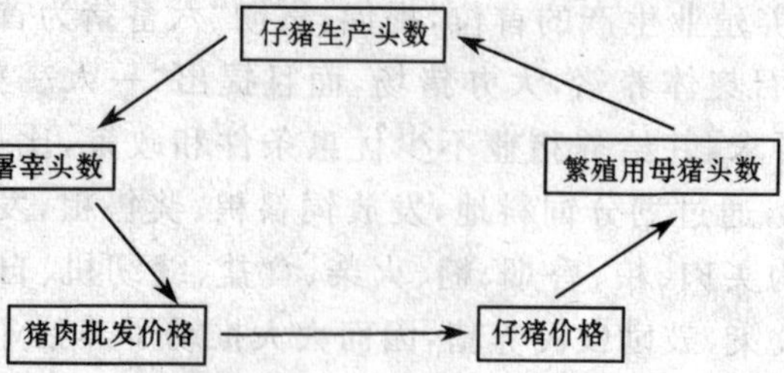


**图 1-2　价格对生猪生产与猪肉供给的影响**

例如，1999 年 4 月，全国平均每千克生猪收购价格降到 5.11 元，分别比上年和前年同期下降 26.2%和 40%，农民出售一头 100 千克体重的肉猪，亏损约 100 元，在许多地方出现了农民宰杀母猪的现象，使生猪的数量急剧下降。

**5. 消费水平**　在我国肉品消费中，猪肉约占 70%，因而工薪阶层的消费水平变化对养猪生产也有一定影响。在计划经济向市场经济转化过程中，有的企业不景气使部分职工下岗，福利分房改为购买商品房，为提高竞争力或提高学历而自费送子女上学深造等，对工薪阶层的消费水平有很大影响，从而也影响了养猪的数量和猪肉的价格。

## 三、如何应对生猪市场波动

生猪市场波动与养猪效益的关系密切，掌握生猪市场波动的规律需要进行市场预测。只有在此基础上才能把握猪场起步的机遇,正在进行养猪生产的企业,才能在生猪市场波动中采取有效措施,使企业处于有利地位。

### (一)把握猪场起步的机遇

由图 1-2 可知,在别人宰杀母猪时筹建猪场或大量购买母猪扩大生产规模,不但猪源不紧张而且价格较低,往往在 1～2 年内赶上好行情可以赚一大笔钱。在赚钱的同时,为社会做了贡献。

### (二)认识生猪市场波动与养猪效益的关系

生猪市场波动对养猪效益的影响是双向的,有利的影响是使养猪生产者赚钱,不利的影响是使养猪生产者赔钱。但赚钱与赔钱的数额差异较大,农民朋友对这一点却认识不足。因为当养猪生产处于赚钱阶段时,吸引了不少人起步养猪,或曾经养过猪的人又重操旧业,因而需要大量购买种猪,但种猪数量有限,供不应求,有的则用商品肉猪中的母猪(现在商品肉猪中母猪一般不去势)作为种猪进行繁殖,尽管如此,考虑到猪以 1∶16～24 的速度增加,发展到商品猪数量过剩的程度总得 1～2 年,甚至更长;而当养猪生产处于持平阶段时,甚至赚钱少时,有的人就改行了;如果养猪生产处于稍有赔钱时,那就会出现大量的宰杀母猪的现象,因而商品猪下降的速度要比上升的速度快得多。这种速度差异的结果便使得赚钱和赔钱的数额产生了较大的差异。养猪是弱质行业,又是耐久性行业,所以说“久则发”,其根本原因就在于赚钱数额比赔钱的数额要大得多。

### (三)掌握市场预测方法

掌握正确的市场预测方法可减少养猪经营风险。生猪市场预测方法很多,主要有主因素变动判断法、规律判断法、数学模型法等。

**1. 主因素变动判断法** 在上述影响生猪市场波动的主因素中,猪种本身这一因素在市场预测中没有意义;政策因素已成为过去的主因素,如今政策因素的主要作用在于更细致地管理市场,严格监管生猪的质量,保证生猪市场的公平竞争,以保证生猪市场的相对稳定,保障生产者和消费者的利益,在市场预测中也意义不大;而消费水平、自然灾害、粮食(主要是玉米)价格则是极具市场预测价值的因素。

近两年消费水平在明显发生变化,工薪阶层的经济压力已逐步得到缓解,因而消费水平是当前(2003～2004 年)猪肉价格上扬的主要影响因素。

近两年自然灾害在世界各地程度不同地发生,较往年明显严重,这样一来,世界上粮食产量在下降,粮食价格迅速上涨;粮食价格上涨带来猪肉价格上涨,养猪效益提高;养猪效益提高带来养猪头数的增加,养猪头数的大幅增加势必会使养猪效益下降。

但是,养猪头数增加的程度还受到生产者经济条件的制约。由于养猪的底垫投资较大,特别是玉米价格超过以往年份的近 1 倍,因而在高玉米价格因素的制约下,不会有更多的人投资兴建猪场或扩大规模,导致养猪头数增加有限或缓慢,当然养猪效益下降也是有限的或是缓慢的。

**2. 规律判断法** 图 1-1 是生猪市场价格波动的一般规律,生猪数量变动与价格波动密切相关,在没有特殊因素影响的情况下，这种波动周期为2～3年。根据生猪市场价格波动的一般规律做出判断，然后采取应对措施，这是生猪市场预测的主要方法。

**3. 数学模型法** 数学模型法中三次指数平滑法比较实用。三次指数平滑法是利用以往的调查资料，计算出一次、二次、三次平滑系数，建立数学模型进行预测，这种方法需要较高文化水平的养猪生产者应用，这里不作介绍。

### （四）应对生猪市场波动的方法

在猪价开始下跌时，不仅不压缩规模，反而要迅速扩大饲养量，以规模取得高效益；或者在养猪微利或持平，甚至赔钱时，采取低成本养猪法，以低成本取得效益，哪怕是取得微利也行，尽可能坚持不要轻易下马；要通过加强内部管理，千方百计挖掘生产潜力，提高生产效率，避免各种浪费，尽量减少各种损失；要鼓励职工提高信念：只有失败的企业，没有失败的行业！困难是暂时的，只要渡过难关，走出低谷，还是有赚大钱的机会的。

在猪价上升很快时，企业也不能盲目扩大规模，应根据对市场的预测结果，提前做好应对措施。

## 四、根据实际情况确定养猪规模

大家都知道，中国养猪有四种方式：散养、专业户、集约化和工厂化。四种方式同时存在，各有利弊。很多农民朋友在选择养猪规模时，由于是新起步，对四种养猪方式一点也不了解，往往踏入误区。

### （一）散养方式

一般指饲养10头以下肉猪，或1～3头母猪的方式，是我国的主要养猪方式。其主要目的有三：其一，零钱攒整钱，应付中秋节和春节两个传统的节日，改善生活和给孩子买点衣物；其二，农村有的是农副产品和剩菜剩饭，人已不能直接利用，但弃之又觉可惜，所以通过养猪来处理废弃物；其三，农民深知"不是庄稼它不长，只因地里粪不多"，所以通过养猪解决肥料来源问题。这是传统的、朴素的养猪意识造成的。

这种方式的优点在于，投资少、见效快、机动灵活（随时可以上马，随时可以下马）以及容易控制疾病。但缺点在于，设备简陋（不可能配套或提高等级），不利于技术管理，尤其是对母猪的技术管理（主要是母猪配种和仔猪寄养），猪源不稳定，生产水平较低，收入也不大。在贫困山区，由于农民缺乏资金，这种养猪方式比较普遍。

为了扬其长避其短，散养户应互相照应、互相配合。比如养公猪户和养母猪户可按公、母比1：5，或2：20，或3：45，或4：80，或5：125进行搭配，以保证母猪能够及时配种；养母猪户可集中3～5头为一批配种和分娩，以利寄养仔猪，提高仔猪的成活率，同时保证了仔猪的来源；可统一进行免疫注射、消毒，提高控制疫病传播的效果。

### （二）专业户方式

我们把饲养50～200头猪的养猪户称为养猪专业户。这种方式是现阶段我国养猪业发展的大趋势。养猪专业户的基本条件是：①有一定场地。庭院较大，院内可建20平方米以上的猪舍。②有一定资金。至少能够拿出2万元投在养猪上

(不包括建造猪舍及购置有关工具等费用)。③有1～2个闲散劳力。因为达到50头的规模,就需要一个专门饲养人员。这也便是"专业户"的含义。一般来说,规模越小浪费越大,工作无法进行优化运筹,效益也较低。

专业户养猪方式的意义在于,可利用现有条件获得一定规模养猪效益,也具有投资少、见效快、机动灵活的优点。而且可使闲散劳力有事可做,以免"无事生非",对于促进社会安定也具有积极意义。

专业户养猪方式存在的问题主要有:①场地有限,不利于发展。②规模较小,设备不能配套,比如饲料加工设备,目前最小的饲料加工设备的加工量也远远超出了专业户自身的需要量。③自繁自养困难较大,因而猪源不稳定,猪种质量难于保证。④缺乏技术,生产水平低,经济效益有一定局限。⑤由于出栏猪的批量小,生猪市场不稳定,产品销路没保障,容易出现卖猪难的局面。

专业户养猪的发展方向是加盟产业化养猪。

### (三)集约化方式

集约化养猪方式的养猪规模一般为年出栏500～10 000头商品猪。集约化养猪可用八个字概括:集中、密集、节约、约制。集中,是指大量的、不同类别的猪集中在一个小范围内进行饲养,人力、财力、物力较集中;密集,是指高密度饲养,每头猪的占地面积小,工作安排较严密;节约,是指劳动效率高,节约人力、财力、物力,尤其是节约人力,还节约时间;约制,是指对猪群的活动和营养进行控制(用单体栏控制妊娠母猪活动以利于进行营养控制,高床扣栏约制哺乳母猪活动以避免小猪被压死),对疾病、环境进行有效控制(严格的环境消毒和免疫程序控制疾病，科学合理的设备控制环境温度）。

### （四）工厂化方式

工厂化养猪方式是集约化养猪方式的最高形式，其规模变动范围较大。小到12 000头，大到几十万头。工厂化养猪的特点是猪群优良化、饲料全价化、设备机械化、生产工艺化、工作程序化、环境标准化、产品规格化。工厂化养猪选用的品种都经过配合力测定，商品猪为最佳杂交组合，生产性能良好；肉猪肥育期日增重800克左右，每增重1千克消耗配合饲料2.8千克左右；所用饲料均为全价饲料，符合猪的营养需要，使猪的生产性能得到最大限度的发挥；猪栏、漏缝地板、自动饲槽、自动饮水器等都是金属制品，送料、清粪、消毒等都用机械设备，并且是自动化控制；生产过程（比如配种、接产、断奶、转群等）像工业生产那样都按工艺流程进行；日常工作、饲养管理、消毒防疫等工作都编成程序以序进行；严格制定圈舍环境的温度、湿度、有害气体、尘埃微粒等标准，并进行严格控制；终端产品符合市场需要，符合国家有关卫生、质量标准，同时胴体重、背膘厚、瘦肉率、肉的颜色、柔嫩度、酸度等指标都有一定规格。

工厂化养猪方式，生产效率比集约化方式更高，是世界养猪发展的总趋势，但由于一次投资太大，鉴于我国目前的经济状况还不宜大量采用。

## 五、如何组建养猪产业化

养猪产业化是近几年出现的新的养猪格局，通过组建养猪产业化可帮助散养户和专业户解决养猪存在的猪种质量差、技术水平低、销路不稳定等问题，因此，组建养猪产业是散养户和专业户养猪的根本出路，也是养猪业发展的必然趋势。

### （一）养猪产业化的含义

养猪产业化是指养猪业经济再生产过程的产前、产中、产后等环节，构成一个完整的产业系统，即按照产加销一体化的要求，以国内外市场为导向，以效益为中心，以科技为支撑，优化组合各种生产要素，形成市场牵龙头、龙头带基地、基地连农户的新格局，实现布局合理化、生产专业化、经营规模化、服务社会化、管理企业化的新型养猪业经营体制。

**1. 布局合理化** 是指养猪产业化要根据自然条件、经济状况，在一定范围内实现一产一业，生产要高起点，产品要名、优、特（主要指肉质、风味），并且规格统一，有利于销售。

**2. 生产专业化** 是指农户的养猪业生产单元化、专业化，不再是小而全的生产。不要既养猪又养鸡，还养羊、牛，因为一方面是人力物力财力安排不过来，另一方面这种混养往往会造成疾病交叉感染。

**3. 经营规模化** 单元化、专业化的生产，必须具备一定规模，只有经营规模化，方能取得规模效益，方能实现稳定的产业化生产。

**4. 服务社会化** 小生产形成大群体的生产，需要系列化、全方位的社会服务，加猪种更新、饲料供应、技术培训、消毒防疫、产品销售、提供信息动态等的服务。

**5. 管理企业化** 大群体的生产，必须统一管理，即产业化内部必须像管理一个企业那样，进行规范化的管理。

将产前、产中、产后组成一个完整的产业链，实行共担风险、均享利益的运行机制；使养猪业纳入自我发展、积累、约束、调节的可持续发展的良性循环轨道，促进优质、高产、高效养猪业的发展，加速养猪业现代化的进程。

## （二）养猪产业化的意义

目前，我国农业正在进行经济体制和经济增长方式的转变，即从传统的计划经济向社会主义市场经济转变和从粗放型向集约型转变。养猪产业化是实现两个转变的有效途径，是增加养猪生产者收入的重要手段。

**1. 有利于解决小生产与大市场的矛盾** 面对千变万化的市场，小规模、分散性的养猪生产遇到的最大难题是生产与市场的脱节问题。盲目性生产和产供销的脱节，导致了生产随市场波动大起大落，生产经营的稳定性差，严重影响了养猪生产者的积极性。而养猪产业化经营方式，一边连着国内外市场，一边连着千家万户，使生产、收购、加工、贮藏、运输、销售等一系列过程紧密衔接、环环相扣，有效地将分散的个体生产与市场联结起来，使广大养猪户的小生产形成大群体直接进入大市场，与大市场对接。减少了生产的盲目性，解决了小生产与大市场的矛盾，调动了养猪生产者的生产积极性，加速了养猪业的商品化、市场化进程。

**2. 有利于提高养猪业的比较效益** 养猪业的科学化水平和市场化进程是转变养猪业增长方式的重要标志。养猪业是一个弱质产业，饲养环节获利少，甚至亏本。而通过加工、营销等环节，可以取得高于饲养环节的利润。通过养猪产业化，产、加、销直接联结和在不打破家庭经营的情况下，扩大了区域规模，发挥了规模效益，相应降低了猪产品单位生产成本，通过加工进一步增值。通过规范化的合同或股份制，使养猪生产者和相关企业之间在一定程度上形成风险共担、利益均享的经济共同体。加工、流通企业可通过提价让利、生产贷款贴息、生产资料赊销、提供无偿或低偿服务、保护价收购等措施，使养猪户分享猪产品加工、销售环节等形成的增值利润，使一体化经营体系内部做到利益互补。同时，也明显地提高了抵御自然风险和市场风险的能力。

**3. 有利于加速养猪业现代化进程** 在专业化生产体系中，加工企业或猪产品直销部门，为了获得批量、均衡、稳定和高质量的货源，必须推动生产基地的规模化生产，而农户借助龙头企业的配套服务，尽可能扩大生产能力，获得规模效益。两方面利益的结合，促使生产形成适度规模。同时，为了降低成本，提高产品竞争力，必然需要增加投资，使用现代的技术装备，并形成一种新型的现代科技成果推广运用体系，在小规模养猪户基础上实现了养猪业的规模经营和集约经营，促进了传统养猪业向现代养猪业的转变，走出一条具有中国特色养猪业现代化的发展道路。

**4. 有利于加快城乡一体化的进程** 养猪产业化以建立高效养猪业体系为核心，围绕主导产业或骨干猪产品形成牧工贸一体化经营，在养猪户和市场之间架起桥梁，使农村剩余劳动力向产前、产后环节转移，并对农村剩余劳动力产生很强的吸纳能力，因而缓解了农村劳动力过剩的压力；同时，养猪产业化突破了所有制界限，实现国有、集体、个体、私营企业甚至外资企业等多种经营成分的融合；突破行政区域界限，实现国内外的合作；突破行业界限，实现部门间、行业间的结合；打破养猪业本身的局限性和封闭性，使养猪业的生产要素在更大范围内合理流动和优化配置，实现多形式、多层次、多元化的优化组合。同时可促使农村乡镇加工企业布局上的相对集中和总体水平的提高，形成猪产品生产的规模优势。

猪产品附加值的不断增加，又为农村经济的发展提供积累，推动着农村小城镇的形成和建设，缩短实现农村城市化和城乡一体化的进程。

**5. 有利于促进管理体制的深化改革和政府职能的转变**

产业化是一个系统工程，需要一套与市场经济和产业化组织形式配套联动的经济运行和管理新机制，这既是产业化的效应，也是产业化本身的要求。传统的计划经济时期形成的宏观管理体制是部门“条条”、“块块”分割管理体制，妨碍市场经济的发展，是产业一体化体制的障碍。产业一体化的发展将促进旧体制的改革，使其向产、供、销一体化管理方向发展。同时也将促进政府职能转变，即由过去行政干预为主，逐步纳入政策、法规等间接调控手段为主的轨道。

**6. 有助于养猪业的科技进步**　猪产品的市场竞争力在很大程度上取决于产品的科技含量，而提高猪产品的科技含量是养猪业发展的原动力。通过养猪产业化的经营方式，一方面将养猪业生产纳入一体化的产业链中，使养猪生产者能够分享猪产品加工增值而带来的利润，增强养猪生产者对新技术的吸纳能力；另一方面，把分散的养猪户集中起来，按照市场的要求进行规模生产，龙头企业为养猪生产者提供配套的技术培训服务，进行经营管理指导，以提高劳动者的科技水平和综合素质，最大程度地降低养猪生产者采用新技术的成本和风险，加快科学技术的普及和科研成果的推广应用。

### （三）组建养猪产业化的方法

组建养猪产业化主要包括确定龙头企业、建立养猪基地、确定生产规模、确定繁育体系、联络技术单位、完善运行机制等工作。

**1. 确定龙头企业** 一般以实力较强的企业作为"龙头"。充当龙头的企业可以是规模较大的集约化猪场，也可以是猪产品加工厂。作为龙头企业，应有较强的经济实力、好的企业形象和声誉；作为龙头企业的领导者(董事长或总经理或场长)，应具有较强的组织能力、广泛的外交能力、对市场的预测判断能力、改革创新精神，能够遵纪守法、广泛听取群众意见、接受批评和教育等良好素质。政府应对合格的龙头企业予以资金扶持。

**2. 建立养猪基地** 龙头企业确定后，龙头企业与散养户和专业户结成紧密的生产体系。采用合同契约或股份制方式，与参与户在平等互利的前提下，经过充分协商，明确规定双方的责任、权限、利益后签约。企业对基地和养猪户应有明确的扶持政策，提供全过程服务，设立产品最低保护价，并保证优先收购。养猪户按合同规定，定时、定量向企业交售优质商品猪，由龙头企业加工、出售制成品。

**3. 确定生产规模** 确定生产规模包括两个方面：即产业化养猪的总规模和每个养猪户的养猪数量。确定总规模的主要依据是参与产业化养猪户的总量，而确定养猪户的养猪数量的主要依据是养猪户的经济实力。一般来说，产业化养猪的总规模越大越好，比如年出栏10万头以上的生产体系可望办成外向型创汇养猪集团，经济效益很高是可想而知的。每个养猪户的养猪数量，至少不要低于50头，一般在50～200头之间。

**4. 设计繁育体系** 养猪总规模确定之后，应设计好商品猪的杂交繁育生产体系。选择杂交繁育生产体系，应根据市场需求、经济条件、猪的生产性能指标(参数)来确定。

如果企业面对中小城市市场，可选择"杜长本"组合杂交繁育生产体系，1983 年全国的杂交组合试验证明，有国内猪种参与的二元、三元杂交组合，以这个组合最好。即以本地猪种为母本，第一父本为长白猪，第二父本（终端父本）为杜洛克猪。

如果企业面对大城市市场，可选择“杜长大”组合杂交繁育生产体系，或“皮杜长大”双杂交繁育生产体系，这是国外常用的杂交组合，生产性能较好。

如果企业面对国际市场（规模在 10 万头以上），最好选择配套系，如英国的 PIC 配套系，比利时的斯格配套系，荷兰的达兰配套系等。配套系的生产性能高，经济效益自然也高，配套系生产的不足之处是更新种猪必须在规定的种猪场购买种猪，因而受到路程和价格的制约。在购买配套系种猪较困难时，也可选择“杜长大”组合杂交繁育生产体系，或“皮杜长大”双杂交繁育生产体系。

如果考虑产品特色，可选择有野猪参与的“野长大”组合杂交繁育生产体系，用长白猪和大约克杂交的母猪，再用野猪杂交，生产的商品猪抗逆性强，肉质风味好，国内外都比较欢迎。

**5. 联络技术单位**　如此庞大的产业化养猪生产体系，如果没有技术作保证，带来的经济损失是不可估量的。因此，龙头企业必须联络技术单位参与产业化养猪集团。技术单位有地方畜牧局、牧校、农校、农科院畜牧所、农业大学动物科技学院，可根据具体情况进行联络（比如距离远近、技术难度、交往关系等）。

**6. 完善运行机制**　产业化养猪能否持续、高效、健康发展，运行机制至关重要。说白了，就是看产业化企业内部是否能够对平等互利问题解决好。以股份制的形式组织起来的产业化企业，在产业化企业内部所制定的规章制度、条条框框，都必须经过股民的充分讨论、协商；在执行过程中，龙头企业及各级领导要接受股民的监督；定期召开股民代表大会，公布有关股民切身利益的数据和具体的一些做法，并让股民充分发表议论，诚恳接受批评意见。总之，龙头企业的所作所为，要让股民心里踏实、心服口服。只有具备这种完善运行机制的产业化养猪企业才能长久存在，才能具有强大的市场竞争力，才能取得最大的经济效益。

# 第二章　引种与调运

农民朋友们对种猪认识模糊，普遍存在留种误区；对猪的引进过程缺乏知识，造成引种与调运的经济损失较大。

引种是不可避免的。采用自繁自养生产方式的猪场，也需要定期更换种猪；种猪繁殖场到一定时间，也需引进少量种猪，丰富基因库。

只有通过选育的公猪、母猪才能叫做种猪。断奶到4月龄阶段叫做育成猪，4月龄到配种前阶段叫做后备猪，配种到产第一胎阶段叫做检定母猪（与母猪同龄的公猪为检定公猪），三胎以上为成年种猪。种猪的作用在于提供优质商品仔猪，是养猪生产的基础，也是提高养猪经济效益的第一个环节。

## 一、引种与留种误区

养猪户在引种与留种方面的误区主要表现为，对品种的概念不清楚，为了省钱购买体重小的种猪，认为只要是公猪、母猪就能作种用，体型越好，品种越纯。

### （一）对品种的概念不清楚

不少养猪户对猪品种的认识是糊涂的，错误地认为，只要是猪就一定是什么品种。其实养猪生产中大多数猪是杂种，不能叫品种。有的人竟把杂种误称为新品种。比如，山西某市一位农民，养了300头猪，1984年搞了3个杂交组合（也很不规范)，却声称他在半年内培育了 3 个瘦肉型猪新品种。就是因为不懂得作为一个猪的品种，不仅是纯种，而且还须满足一些规定的条件。

当然，用作种猪的公猪或母猪，并不是非用纯种不可，即杂种公猪或母猪也可用作种猪。但杂种公猪或母猪杂交时，应合理搭配，决不能太随意，否则会影响经济效益。

### (二)为了省钱购买体重小的种猪

一般人愿意选购小种猪，主要为了可节约资金，这是在选购种猪方面的误区。小种猪体重小，按每千克体重的价格计算，与大种猪比较，资金付出肯定会少，但并不一定划算。其一，从质量角度看，选购好种猪的把握不大。作为好的种猪，需要经过断奶阶段、4 月龄阶段、6 月龄阶段、8 月龄阶段(配种阶段)、产仔阶段的多次选择。每个阶段选择的重点不同，而且每个阶段要淘汰一部分，选留一部分。如果选购小种猪，只能选择出小猪阶段的较好的猪，不能保证在 4 月龄阶段、6 月龄阶段、8 月龄阶段是最好的，还说不定是在其他阶段应淘汰的。其二，从经济角度看，并不节约资金。为保险起见，往往多选购一定数量的小种猪，无形中增加了费用，而且还要投入饲养费用，最终还是不经济的。

如果为了省钱，在同窝种猪中选购小种猪，那就更不对了。因为个体小的种猪，其发育不足，影响以后的发育，当然也会影响到种用。如果这样的猪作种猪，一定会影响后代的生产性能，形成低效益连锁反应。因此，切不可为了省钱而购买个体小的种猪，因小而失大。

### （三）留种误区

留种误区也是造成农村养猪生产水平和经济效益低下的重要原因之一。

**1. 只要是公猪、母猪就能作种用** 由于对种猪的概念认识比较模糊，以为只要是公猪、母猪就可作为种猪，因而就将自家养的公猪、母猪留下来作为种猪用，是当前农村养猪存在的普遍问题。

尤其是猪的市场行情看好时，到处打听种猪的买处，也不管是什么猪，只要是母猪或公猪就当种猪引进并养起来。有的虽买了优良品种的母猪，之后则留所产的杂种母猪作种用。虽然在几年内尚能避开近亲繁殖，但也会出现杂交配合效果差，后代的生产性能越来越低；而且久而久之，同样会出现近亲繁殖。

**2. 体型越好，品种越纯** 很多养猪户在留种或选种时只看体型，认为只要体型好，就是纯种。因而往往把杂种当作纯种留作种用或作为种猪出售。当然，也不排除一些投机商人以假乱真，牟取暴利。

**3. 习惯饲养土杂猪** 许多农户长期习惯饲养土杂猪，并且反复留作种猪，这样不仅容易传播疾病，增加饲料消耗，而且胴体瘦肉率低，经济效益差。据测算养一头土杂猪比养一头良种的杂交猪少收入 100 多元。

## 二、种猪的分类

一般来说，种猪有三种：纯种（即品种）、一般杂种、特殊杂种。血缘不清的杂种猪不能作种猪。

## (一)纯种(即品种)种猪

**1. 品种应该具备的条件** 作为一个猪的品种,应该具备以下五个方面的条件。

**(1)特征相同** 在一个品种内的猪应具有相同的特征特性,主要包括:

①体型外貌 包括体型、毛色、头型、耳型。比如巴克夏猪具有鼻端、尾尖、四蹄为白色的“六白”特点;长白猪的耳朵大而前倾等。

②生产性能 如皮特兰猪的胴体瘦肉率在70%以上等。

③基因类型 包括血型、染色体组型等。

**(2)经济实用** 作为一个品种,其最终产品应符合市场需要,具有经济价值,否则,这个品种便失去了存在的必要,很快会被淘汰、消失。

**(3)遗传稳定** 优良的经济形状应能够稳定地遗传给后代,而且通过选育其性能能够有所提高,或者通过合理杂交能够明显提高。

**(4)结构完整** 结构完整指的是具有完整的品种结构,一个品种应由几个品系组成,造成品种内部有一定亲缘隔离,这个品种才有可塑性,才有发展前途。

**(5)数量充足** 品种群体要求达到10万头。一方面是为了丰富遗传性,另一方面是完整的品种结构需要有足够的数量。

这里需要指出的是:品种是绝对的,纯种是相对的。品种是绝对的,是指具备品种必备条件;纯种是相对的,是指纯种大多是由杂种培育而来,世界上几乎没有绝对的纯种。

**2. 我国现有的纯种(即品种)种猪** 我国的纯种(即品

种)种猪有三大类,原始地方品种(统称为本地猪,全国各省市自治区都有自己的本地猪)、国外引进品种和培育品种。

**(1)我国的地方品种** 我国幅员辽阔、地形复杂、气候多变,在长期自然生态环境的影响下,在不同经济条件下,我国猪的地方品种经过选育形成了六个地理类型。

①华北型 华北型猪种表现为体质健壮,骨骼发达,体躯高大,背狭而长,四肢粗壮,头部平直,嘴长耳大,额间皱纹纵行,皮厚多皱褶,毛黑色粗密,鬃毛发达。母猪繁殖力强,乳头数 7 对以上,一般每窝产仔猪 12 头以上。包括东北民猪、西北八眉猪、黄淮海猪等 5 个品种。

②华中型 华中型猪体型呈圆桶形,中等大小、背较宽、背腰下陷,耳稍大下垂,毛色多为黑白花,也有少量黑猪。性较早熟,母猪每胎产仔猪 10～13 头。包括湖北监利猪、湖南宁乡猪、浙江金华猪、江西萍乡猪和华中两头乌等 18 个品种。

③江海型 江海型猪种较杂,可分为两类:一类受华北型影响较大的中小型黑猪,耳大下垂,背腰凹陷,四肢粗壮,皮厚多皱褶;另一类受华中型影响较大,毛色向黑白花过渡的猪种。江海型猪繁殖力高,经产母猪窝产仔数在 13 头以上,多者可达 20 头以上,乳头 8 对。包括太湖猪、姜曲海猪及虹桥猪等 8 个品种。

④华南型 华南猪型背腰宽阔,肋弯曲,胸较深,腹部疏松下垂,后躯丰满,四肢短小,骨骼细致,头短而宽,嘴短,耳小直立,额部皱纹多横行,皮薄毛稀,毛色多为黑白花。性成熟早,母猪生后 3～4 月龄开始发情,母性好,护仔性强,一般每窝产仔猪 8～9 头。包括两广小耳猪、台湾桃园猪、福建槐猪等 9 个品种。

⑤西南型 四川盆地的猪饲料丰富,形成了体形丰满、早

熟易肥的肉脂兼用型猪，其特点为生长发育较快，母猪窝产仔猪10头左右。而生长在云贵高原的猪，则形成体质结实的腌肉型猪，母猪一般窝产仔猪8～9头。包括四川荣昌猪和内江猪，云南保山大耳猪等7个品种。

⑥高原型　猪种表现背狭而微凹，腹小臀斜，四肢健壮有力，头狭小嘴直长，耳小直立，皮厚鬃毛粗密，毛为黑色、黑褐或黑白花。繁殖力低，母猪窝产仔猪5～6头。生长缓慢，是体型小的晚熟品种。藏猪为代表品种。

**(2)国外引进品种**　我国现有的国外引进品种中应用较广的主要有以下5种。

①大约克夏猪(大白猪)　原产于英国，是世界上著名的瘦肉型猪种。大约克夏猪体格大，体形匀称，毛色全白，耳立，鼻直，背腰微弓，四肢较长，头颈较长，脸微凹，体躯长，肌肉发达，繁殖力高，饲料转化率和屠宰率高。初产母猪窝产仔数9～10头，经产母猪窝产仔数10～12头，产活仔数10头左右，乳头7对左右。6月龄体重超过100千克，日增重680～700克，每增重1千克耗料2.8～3.0千克，屠宰率71%～73%，胴体瘦肉率62%～65%。在我国，大约克夏猪一般用作父本与我国的地方猪种进行两品种杂交，一代杂种猪胴体瘦肉率45%以上；用作母本进行三品种杂交，商品猪胴体瘦肉率58%以上。

②长白猪　又名兰德瑞斯，原产于丹麦。是当今世界上仅次于大白猪的母系猪种。长白猪毛色全白，头狭长，颜面直，耳大向前倾，背腰长，体形前窄后宽，呈流线形，体躯长，有16对肋骨，腿臀丰满。初产母猪窝产仔数8～10头，经产母猪窝产仔数9～12头，乳头6～7对。6月龄体重超过100千克，日增重550～800克，每增重1千克耗料2.7～3.0千克，屠宰

率72%，胴体瘦肉率63%～65%。长白猪作父本进行两品种或三品种杂交，一代杂种猪，在良好的饲养条件下，可得到较高的生长速度、较好的饲料利用率和较多瘦肉，商品猪胴体瘦肉率50%～52%，三品种杂种猪胴体瘦肉率58%左右。

③杜洛克猪　产于美国。杜洛克猪是当今最流行的两个父系品种之一。杜洛克猪全身被毛呈金黄色或棕红色，色泽深浅不一。两耳中等大，略向前倾，耳尖稍下垂，头小清秀，嘴短直。背腰在生长期呈平直状态，成年后稍呈弓形。胸宽而深，后躯肌肉丰满，四肢粗壮、结实，蹄呈黑色，多直立。适应性强，生长速度快。初产母猪窝产仔数9头左右，经产母猪窝产仔数10头左右。乳头7对左右。6月龄体重超过100千克，日增重650～750克，每增重1千克耗料2.7～3.0千克，屠宰率75%左右。胴体瘦肉率61%。在杂交利用中一般作为父本。用杜洛克猪作父本与地方猪种进行两品种杂交，一代杂种猪日增重可达500～600克，胴体瘦肉率50%左右。用杜洛克猪作父本与培育猪种进行两品种或三品种杂交，其杂种猪日增重可达600克以上，胴体瘦肉率56%～62%。

④汉普夏猪　原产于美国，是当今最流行的两个父系品种之一。汉普夏猪毛黑色，前肢白色，后肢黑色。最大特点是在肩部和颈部接合处有一条白带围绕，包括肩胛部、前胸部和前肢，呈一白带环，在白色与黑色边缘，由黑皮白毛形成一灰色带，故又称银带猪。头中等大小，耳中等大小而直立，嘴较长而直，体躯较长，背腰呈弓形，后躯臀部肌肉发达，性情活泼。皮下脂肪薄、胴体长、瘦肉多。初产母猪窝产仔数8头左右，经产母猪窝产仔数9头左右。乳头6对以上。6月龄体重超过100千克，日增重650～850克，每增重1千克耗料2.7～3.0千克，屠宰率75%左右，胴体瘦肉率63%。

⑤皮特兰猪　原产于比利时，是良好的终端父本。皮特兰猪毛色灰白，面部夹杂有黑色斑点，有的还夹杂有部分红色，耳中等大小而向前倾，体肥尾短，肌肉特别发达。该品种缺点是早期生长较慢，肌肉纤维较粗。初产母猪窝产仔数 8 头左右，经产母猪窝产仔数 10 头左右，乳头 6 对以上。6 月龄体重超过 90 千克，日增重 650～850 克，每增重 1 千克耗料 2.7～3.0 千克，屠宰率 75%左右。胴体瘦肉率 70%以上。皮特兰猪一般作二元杂交的父本来利用。三元杂交商品猪胴体瘦肉率达 72%，是良好的终端父本。

**(3)培育种猪**　培育种猪是用国外引进的种猪与我国的本地猪杂交育成的。建国以来，我国共培育新品种 27 个，新品系 8 个。其中白色品种 12 个、品系 3 个，黑色品种 13 个、品系 2 个，黑白花品种 2 个、品系 3 个。培育种猪的生产性能、外貌特征介于本地猪和国外引进猪之间。

## (二)杂种种猪

**1. 一般杂种种猪**　一般杂种是指为了一定的杂交目的，而将特定的二元杂种父本或母本作为种猪。比如，为了提高产仔数，一般选用母本为二元杂种：长(长白猪)×本(本地猪)，或长×大(大约克夏猪)，然后用杜洛克猪作父本，生产三元杂种商品猪；为了提高产仔整齐度和肥育效果，可选用二元杂种作父母本，进行双杂交，生产双杂交杂种商品猪，目前，皮特兰猪与杜洛克猪杂交生产的皮杜二元杂种公猪的杂交效果很好。

**2. 特殊杂种种猪**　特殊杂种种猪指的是杂交配套专门化品系所用的杂种种猪，简称配套系种猪。特殊杂种种猪与一般杂种种猪所不同的是，所参加杂交的父本、母本都已形成专门化品系。专门化品系可分为三级配套系或四级配套系。三级配套系是由祖代、父母代、商品代组成，其祖代大多是纯种；四级配套系比三级配套系多个曾祖代，其曾祖代大多是纯种。

## 三、引种的步骤

无论是哪个品种（或杂种）的猪，个体之间在生产性能方面都有一定差异，有时差异很大，因而购猪时挑选猪非常必要。尤其是种猪，不仅价格高，而且主要是对后代的影响很大，更值得挑选。

### （一）制定科学合理的引种计划

引种前要根据本猪场的实际情况制定出科学合理的引种计划，包括种猪品种（大白、长白、皮特兰、杜洛克）、种猪级别（原种、祖代、父母代）、引种数量（关系到核心群的组建）、猪场、时间表等。要选择到能够提供健康无病、性能优良种猪的大型种猪场引种。为此，要特别注意以下三点。

**1. 引进目的要明确** 应根据生产的需要，确定引进品种或品系的名称、类型及数量，不可盲目引进。一个饲养户不宜同时饲养许多品种，以饲养1～2个比较适宜的品种为好。为更新猪群而引种则按每年淘汰的比例计算，然后增加10%（为留有一定余地）确定购买头数。

**2. 引进良种要因地制宜** 必须根据当地气候、环境等实际情况选择适宜的品种，才能充分发挥该品种的优良性能。要有完整的技术资料载明其育成经过、系谱、外貌特征、适应环境、易染疫病、抗病能力及所需的饲养管理条件等相关内容，以利于今后对该品种的选育、生产、科学管理及繁育推广。

(1)**城市近郊** 城市近郊生产条件好、经济实力较强，消费水平高，应引进大白、长白、皮特兰、杜洛克，搞“杜长大”三元杂交(长白公猪与大白母猪杂交生产二元杂种母猪，然后再与杜洛克公猪杂交生产三元杂种商品猪)；“长大”二元杂种母猪与“皮杜”二元杂种公猪杂交生产双杂交杂种商品猪。或直接引进 PIC 配套系猪，生产多元杂种商品猪，经济效益较高。

(2)**平川地区** 平川地区的生产条件、经济实力仅次于城市近郊，由于交通发达，产品销路较好。应引进长白、杜洛克，与地方优良品种或培育品种杂交，生产三元杂种商品瘦肉猪，经济效益较高。

(3)**贫困山区** 贫困山区生产条件差，经济实力弱，交通不发达。应引进杜洛克，与地方优良品种或培育品种杂交，生产二元杂种商品瘦肉猪，可收到较好的效果。

**3. 根据市场需求引进** 事前要认真分析市场的销售趋势和需求量，了解该品种是否适应市场的需求，必要时可到农业大专院校、科研单位、工商行政管理部门、畜牧兽医管理部门咨询，掌握准确的市场行情。

### (二)引种前的准备

引种前应做好准备工作，主要包括以下五个方面。

**1. 了解种猪信息** 当前是信息时代，了解种猪信息比较容易。

(1)**请教专家、教授** 专家、教授会根据你现有的猪品种确定应引入的品种；根据你的生产条件、技术水平、经济实力确定引种规模，然后指定正规育种的种猪场。

(2)**上网查询** 中国种猪信息网是一家专业性的种猪网

站,可以为解决引种时遇到的问题提供全方位服务,它几乎可以解决企业在养猪生产中的所有问题。

**(3)参加各种业内展会** 每年在全国各地都会有养殖行业的展览会,通过参观可以从多方面了解种猪企业的信息。

**(4)订阅业内杂志、报纸等传媒** 由于市场竞争的日益加剧,各个种猪企业多不遗余力地大做宣传攻势。通过这些,您可以从表面上了解你将要选择的企业概况,加上与业内同仁的交流,也可确定选择对象。

**(5)参加各种养猪培训班** 参加培训班的目的,不仅仅让你学习到当时的培训内容,更重要的是在企业与专家之间搭建一个长期沟通的桥梁,这样,生产中的各种问题都可通过专家们得以解决,包括引种的选择等。

**2. 提前联系** 确定应引入的品种及正规育种的种猪场后,提前3个月左右取得联系,并交纳预定金额,按期运猪或者让场家送货。

**3. 准备运输工具** 大批调运时,尽可能准备大型车辆。如果有条件,可把马槽用木板或铁架分隔成几个小间,如果没有条件分隔,在马槽内装20厘米厚的湿土。冬天调运,可准备篷布,夏天调运则加绳网。小批调运时,在满足调运数量的前提下,能用小车就不用大车。近距离零星购买不需要专门工具,只用自行车或小三轮车带几个筐或篓就行。

**4. 准备隔离舍** 引种前应将隔离舍彻底冲洗、消毒,进猪前进行第二次消毒。并且空舍至少1周以上,隔离舍要尽量远离现养猪群。可设计一个卸猪台,这样运猪人员不用进场便可把猪卸入场内,既方便又可防止运猪车的车轮带入病菌。

**5. 准备资金** 准备足量资金,尽量采用信用卡方式携带资金,以免发生意外。

### (三)种猪的现场挑选

种猪应根据三个方面进行挑选：一是根据种质特性挑选种猪。看所购种猪是否符合品种的外貌特点，比如大白猪和长白猪都是毛色纯白，没有黑、红、棕、灰等杂色毛；杜洛克毛色为红棕色，没有白毛；巴克夏有六白特点；汉普夏肩和前腿为白色等。头型、耳型各有特色。二是根据性征特点挑选种猪。公猪的性征指前胸、睾丸，兼顾奶头；母猪的性征指后腿间距、阴户状况、奶头数量、整齐度、质量。三是根据系谱挑选种猪。了解其父母代的生产性能：产仔数量、成活率及生长发育的情况。种猪的选购要注意查看档案，尤其是规模较大的猪场，可搞清系谱，有利于建立本场的种猪档案。

选购不同阶段的种猪，应注意其不同的选择重点。

**1. 断奶小种猪的选购** 断奶小种猪的选购要在产仔较多、成活较多的窝中挑选。要注意选择在同群中最大的猪，虽然可能价格高点，但性能好会几倍地补偿回来的。切不可为了省钱而购买个体小的种猪，因小而失大。

**(1)选购断奶小种猪的共性目标** ①体重要大，28 天断乳时，杂种仔猪体重应大于 8 千克；本地仔猪应大于 6.5 千克。②头的大小应与躯体相称(长白猪的头比其他品种猪的头稍小)，头大身小或头小身大都表示发育不良。③眼睛大而突出，灵活有神。④嘴形应圆而略扁，唇薄，上下唇齐平，这种猪不挑食。⑤耳朵符合品种特征。⑥额部要求平坦、略突和无皱纹。⑦鼻孔宜宽大。⑧母猪颈要细，公猪颈要粗短。⑨身躯长、大，前躯的肩部应宽而平坦(肩宽不可超过臀部宽度)，肩胛倾斜，肩高；中躯的背部应平宽而直长；腰部要平直，与背、臀衔接良好；腹部要平直而紧凑，无下垂；后躯的臀部长、宽、平或稍倾斜，忌“尖屁股”；尾根应粗，尾尖刺手，尾巴卷成一圈或左右摆动，显示健康状况良好。⑩前脚间距宜宽大，后脚高而直（吃食时后脚频频提起），蹄距宽，膝头不向内靠拢。⑪鬐甲要平而宽，没有凹陷，鬐甲与背的结合部位也不要凹陷。⑫乳头稀疏，连线呈椭圆形，胸部宽而深，显示心肺功能佳。

**（2）小公猪的选购** 睾丸发育良好，轮廓明显，左右对称，大小一致，没有单睾、隐睾或疝气。包皮内没有明显的积尿。奶头 6 对以上且排列整齐。

**（3）小母猪的选购** 根据生产条件，杂交需要选择纯种或杂种母猪，最好选择外国种与地方种杂交生产的一代杂种母猪。具备本品种特征（毛色、头型、耳型等），面目清秀。乳头数要在 6 对以上，乳头排列整齐均匀，有一定间距，没有无效乳头（瞎乳头、翻乳头、副乳头）。外阴较大且下垂。阴户较小而且上翘的母猪往往生殖器官发育不良。

**2. 后备种猪的选购** 正规渠道购买到的种猪一般为 50～60 千克的后备种猪。此时，种猪的一些特性已基本表现出来，种猪场已进行了两次选留，购买这种后备种猪比较放心，也比较安全（伤亡较少）。因此，建议购种猪时，应到较大的正规种猪场购买后备种猪。

**（1）后备公猪的选购** 后备公猪应具备明显的雄性特征，前胸较宽，体躯结实匀称，四肢强健有力。睾丸明显突出，左右对称，上下一致。奶头 6 对以上。

**（2）后备母猪的选购** 外形标准在参考小母猪基础上，应选择体形长、腹部较大而不下垂，后躯较大，乳头 6 对以上，发育良好、大小适中、排列整齐，还应考虑两后腿的间距要选较宽的母猪。

**3. 成年种猪的选购** 一般情况下不购买成年种猪。购买成年种猪有两种情况：一是新建猪场为了尽早进入生产阶段，急需成年种猪；二是猪场的成年种猪因种种原因（疾病、中毒、意外事故等）造成死亡，急需补充成年种猪。

由于成年种猪属种猪场的核心群或生产群的猪，种猪场已对这些种猪非常了解，因而种猪场提供的成年种猪绝不会是在核心群或生产群中成绩最好的猪，这是在情理之中的，无可非议。一般地说，正规种猪场的成年种猪要比一般猪场的种猪性能要好得多。只要有条件（资金、猪源），成年种猪还是要买的，但要注意成年种猪还能使用几年，考虑是否划算。

**（1）成年公猪的选购** 买成年公猪，主要依据是配种效果，兼顾外形体质。要调查（询问）其性能，了解配种时爬跨情况；通过了解与配母猪的受胎产仔情况，间接判断其配种效果；参考系谱档案中的同胞肥育测定，间接判断其后代的生长发育及产肉性能；太肥胖或太瘦削的公猪不可买。

**（2）成年母猪的选购** 调查产仔情况，产仔数在10头以上，成活8头以上。如果屡配不孕或有吃小猪的现象都不能买。乳房丰满、间隔明显、乳头不沾草屑、排乳时间长、温驯者宜留种。

## 四、猪的调运

猪的调运工作技术性很强。如果把不好检疫关，很可能调运回潜伏期的传染病病猪，导致传染病流行，带来不可估量的损失；识别健康猪不到位，结果调运有病或体质弱的猪，往往经不起调运途中的折腾而导致部分死亡；调运途中或运回后的猪管理不善，在调运过程使猪的体质严重下降，也会使其染病或死亡。所以，一般情况下，最好雇用专门运猪车和有多年经验的人员进行调运。

所以说，调运猪是一项专业性和技术性很强的工作，风险较大，不仅要慎重，细心，还必须协调多方面的关系。

### （一）严格把好检疫关

调运种猪必须严格把好检疫关，使所调运的猪必须是进行过常规免疫的猪。还需到当地畜禽检疫部门了解供猪的地区、猪场近来有无疫病流行，并办理检疫证明。

如果在集市上大批购买商品仔猪，而且需远途调运，则要提前与当地畜牧系统单位联系，请他们协助提前搞好防疫工作，并提供检疫证明。确定调运时间后，让他们通知售猪户按时送到指定地点进行挑选购买。

引种检疫一般采用攻毒、血检等方法。即用疫苗免疫与血清学检查相结合的办法。引进后还应隔离饲养 15 天，确定健康后，再转入栏舍正常饲养。

### （二）识别健康猪

无论购买种猪还是商品仔猪，首先应判别是否为病猪，这是至关重要的。一般从猪的外表表现，基本上可做出一定判断，判断方法见表 2-1。

**表 2-1　健康猪与非健康猪的比较**

| 判别项目 | 健康猪 | 疑似病猪 |
|---|---|---|
| 毛 | 毛顺、毛色发亮 | 毛色发暗无光泽、有卷毛逆毛现象 |
| 肤 | 白猪肤色红润（粉红）、干净 | 干皮屑、苍白，有红疹点、紫斑块 |

**续表 2-1**

| 判别项目 | 健康猪 | 疑似病猪 |
|---|---|---|
| 眼 | 眼睛灵活，见到生人，两只眼死死地盯着人，处于戒备状态，外侧皮毛很干净 | 眼睛不灵活，见到生人，无任何反应，眼睛内眼角有眼眵、泪痕 |
| 鼻 | 鼻镜湿润(吻突湿润润的)，鼻子也很灵活，不时地向上翻动，像闻什么似的，鼻筒端正 | 鼻镜干燥、鼻子里面没有清水流出，鼻筒歪斜、鼻筒抽缩 |
| 耳 | 耳根温热 | 耳根烫热 |
| 腿 | 四肢端正、步态稳健有力 | 四肢不端正、步态不稳，关节肿胀，后肢无力，有粪便 |
| 蹄 | 四蹄着地 | 三蹄着地 |
| 尾 | 在无任何干扰的情况下，或者把尾巴上翘卷曲，或者下垂的尾巴不停地摇摆，如果见到生人靠近，则立即把尾巴夹向大腿内侧，非常灵活敏捷，尾巴干净 | 尾巴下垂，不摇摆，尾巴上有粪便 |
| 身形 | 站立时身展平稳、端正，见生人靠近，立即向后蹲，行动灵活，不容易被人抓住 | 身躯蜷缩，像犬坐，很容易被人抓住 |
| 声音 | 小猪被抓住后发出的声音尖脆洪亮 | 小猪被抓住后发出的声音沙哑 |
| 采食 | 喂料时，食欲旺盛，挤着吃料，你争我夺、互不相让 | 对喂料无反应，静立墙角，不争不抢，躺卧不动 |
| 呼吸 | 呼吸均匀 | 喘息 |
| 粪便 | 表面光泽，呈长串 | 粪便稀水状，粪便带血，粪便带黏液 |

### （三）调运前的检查核对

对所购买的猪，尤其是种猪，在调运前必须进行认真检查核对，主要有以下几方面的内容。

**1. 品种** 根据所掌握的有关品种知识，对所引种猪的特征特性应进行仔细检查核对。

**2. 头数** 如果一次购买的猪太多，应对头数进行三次核对。

**3. 重量** 如果所购猪是以重量计算货款，应检查核对称量工具和重量。

**4. 耳号** 核对耳号对购买种猪十分有意义，耳号码接近的猪可能是同窝，应尽量避免购买同一窝的种猪。

**5. 性别** 购买种猪，一般不会出现性别上的差错，但为了以防万一，还是检查核对为好。

**6. 档案** 购买种猪必须核对卖方提供的种猪档案，以利场内进行技术管理。

**7. 手续** 运猪必须持有有关行政管理部门出具的检疫证明，购猪正式发票，否则，一旦被途中查获，会受到惩处的，不要抱任何侥幸心理。

**8. 车辆** 装猪前应检查运输车辆的润滑油、动力油是否充足，是否装足了循环水、备用水，并检查轮胎、关键性螺丝、螺帽，以免在途中出差错。

### （四）调运管理

在调运中和运回后，要对猪予以特殊的饲养和管理。

**1. 镇静** 猪对刺激产生不良反应叫做应激。应激程度有大有小，轻的应激，人可能发觉不了；重的应激，应激猪表现为卧倒、颤抖、口吐白沫、呼吸加快；最严重的应激程度是猪很快死亡。应激程度大小与品种有关，瘦肉型品种猪应激反应较明显，最严重的应激品种是皮特兰猪，应激死亡率很高。为了避免应激损失，通常在调运前可注射镇静剂。

**2. 隔离** 凡是传染病都有潜伏期，在潜伏期没有任何病状，最易被人忽视。因此，新调运回的猪必须进行隔离观察，一般隔离观察需 20 天。隔离观察期间，新调运回的猪没有表现任何病状，方可进入正式猪舍。

**3. 防疫** 猪瘟、猪丹毒、猪肺疫、仔猪副伤寒，这四大传染病最为常见，对养猪业的威胁最大，所以要特别重视这四大传染病的防疫。不管调运回的猪是否注射(或口服)过猪瘟、猪丹毒、猪肺疫、仔猪副伤寒疫苗，在隔离 10 天左右再进行一次免疫注射。调运回的猪在隔离猪舍 20 天后迁入正式猪舍，将隔离猪舍进行两次消毒。

**4. 驱虫** 无论是大批调入的猪或零星购买的猪，在隔离期间要进行两次驱虫。用驱虫精涂布两耳，同时内服敌百虫(按说明)进行第一次驱虫，间隔 1 周再进行一次。用驱虫精涂布两耳，最好在头天傍晚进行，第二天一早观察粪便，并及时清扫，以免猪吃了带虫卵的粪便，造成反复感染。驱虫药物可根据市场供应情况进行选购。

**5. 饲养管理**

**(1)分圈** 为了方便进入正式圈舍后的饲养管理，最好在进入隔离舍时按照品种、体重进行合理分圈。

**(2)饲喂** 对刚调入的猪，无论大猪小猪，当天都不能饲喂任何饲料，只提供饮水。第二天所给饲料应力求与这些猪的产地一致，而且要控制饲喂量，以后逐日增加，第七天饲喂量基本满足猪的需要。在饲喂前应将圈舍打扫干净，把饲料分作几堆进行饲喂，可有效地避免采食不均的现象。对购买回的小猪，应进行采食、睡觉、排便三定位的训练、调教。

**（3）观 察** 对隔离猪的主要管理任务就是观察，而且重点是健康状况的观察，一旦发现有异常，应立即采取措施，尤其是传染病；其次是观察采食、咬斗情况及母猪的发情情况。

**（4）记 录** 在隔离期的15～20天内，每天应对各种情况做详细记录，并保存留档。

**（5）进入正式圈** 隔离期的最后一周，对正式圈进行两次消毒，间隔5～6天。隔离20天后，将确认健康的猪转入正式圈。

# 第三章　种猪的管理与利用

种猪的技术管理包括提高公猪的配种效果和提高母猪的繁殖效果。只有通过对种猪进行全面的技术管理，才能使公猪具有旺盛的配种能力，母猪全配满怀，产仔多而健康。通过杂交可产生杂种优势，提高商品肉猪的生产性能。

## 一、种猪管理与利用的误区

农村养猪的繁殖效果一般较差，造成这种情况的根本原因是养猪户在种猪的管理与利用方面存在误区。

### （一）公猪的饲养管理误区

公猪的饲养管理误区在于不懂得控制种公猪的膘情，不懂得如何合理利用种公猪。

**1. 饲养误区**　有些养猪户将种公猪当肥猪饲养，喂的是肥猪的饲料，饲喂方式也和肥猪一样，让其自由采食。其后果是：有的种公猪因饲料质量差发育不良，导致精液稀薄，受胎效果差；有的因饲料粗纤维含量高把种公猪育成了“大肚子”，使本交过程很不方便，影响配种效果；有的种公猪则养得太肥，导致公猪性欲下降，精液中死精子比例增高。

**2. 配种误区**　配种效果与公猪的月龄、体重、体况、利用强度密切相关，而农民朋友缺乏这方面的知识而进入了误区。

**（1）配种月龄与体重偏小**　农民饲养种公猪，不懂得种公猪配种月龄与体重的规定，或为了早用早受益，往往在月龄与体重不足时提前配种，或者是体重达到了而月龄未达到，或者是月龄达到了而体重未达到，或者是月龄与体重都未达到。这种提前配种的结果，不仅配种受胎率低、产仔少，更为重要的是造成种公猪早衰，大大缩短了种公猪的使用年限。

(2)**公猪状态不佳** 有的农民朋友只注重母猪发情了就该配种，却不注意公猪的状态。公猪刚运动完，或刚采完食，就立即让公猪配种，对母猪的受胎产仔和公猪的健康都不利。

山西灵石某猪场，从太原引进成套大种猪，运到猪场后，看见有头母猪发情，不等到卸车，就在汽车上让公母猪交配。虽然这头母猪怀孕了，但只产下一头小猪。

(3)**配种强度过大** 有的农民朋友只关心母猪的配种，不管公猪的配种承受能力，往往造成公猪配种强度过大。其结果是，配种效果越来越差，受胎率下降，产仔数减少；性欲本来旺盛的公猪其性欲急剧下降，体质越来越差，同样，大大缩短了种用年限。

## (二)母猪的饲养管理误区

**1. 配种误区** 如同对待种公猪那样，只要看到母猪发情了，不到配种的月龄与体重就提前配种，虽然小母猪也能怀孕，但产仔少，生下的仔猪也发育不良。早孕影响了小母猪的发育，同样也会大大缩短种母猪的使用年限。

**2. 饲养误区** 有的养猪户错误地认为，“母壮才能儿肥”，不懂得母猪妊娠期的营养控制，于是，给怀孕母猪加强营养，把怀孕母猪养得膘满肉肥。结果，产下得仔猪死的多活的少，这是因为母猪腹内脂肪太多，将胎儿压迫致死的结果；非但如此，母猪断奶后往往不发情，或虽然发情但屡配不孕。这是因为，卵巢周围太多的脂肪影响了母猪的正常排卵。不懂得产前7天应逐步减料，临产时还只怕母猪吃不好，怕母猪分娩时没有力气。不懂得断奶前2天应适当减料，其目的也是避免出现乳房炎。

## 二、如何提高公猪的配种效果

使公猪具有旺盛的配种能力的技术措施是抓好公猪的饲养和管理。

### （一）种公猪的饲养

种公猪的营养需要应根据其年龄、体况、配种任务和精液的数量及质量来确定。我国公猪的饲养标准分为三个体重级别：90千克以下饲养标准适合于本地小公猪，90～150千克饲养标准适合于成年本地公猪或未成年改良公猪，150千克以上饲养标准可用于成年改良公猪。种公猪的日粮，通常每千克应含有：消化能12.5～13.9兆焦，粗蛋白质160～180克，赖氨酸4.3克，蛋氨酸＋胱氨酸2.3克，苏氨酸3克，异亮氨酸3克，钙7.5克，磷6克，食盐3.5克。维生素A4 100单位，否则会导致睾丸肿大、干枯，精液品质下降，性反射能力降低，影响配种效果；维生素D不能少于275单位，否则会影响精液品质，同时影响钙的吸收利用；维生素E不能少于11毫克（或8 337单位），否则影响精子的产生及引起性欲下降。此外，烟酸和泛酸对公猪的影响也逐渐引起了人们的重视。微量元素锌可保证睾丸的正常发育。微量元素硒缺乏会引起许多疾患，如贫血、精液品质下降、睾丸退化，日粮中的含硒量应达到0.13毫克。

公猪应限量饲养，体重90千克以下，90～150千克与

150 千克以上的种公猪可分别日喂上述标准日粮 1.4 千克，1.9 千克与 2～3 千克。

公猪对蛋白质需要很敏感，蛋白质的数量和质量对精子的存活寿命及受精能力有很大影响，尤其是质量，所以公猪的日粮中应含有 5%～8%的动物蛋白质饲料，比如优质鱼粉、肉骨粉等。在配种紧张时，应每天加喂 1～2 个鸡蛋。

### （二）种公猪的管理

种公猪的管理主要包括日常管理和配种管理。

**1. 种公猪的日常管理**　种公猪的日常管理包括单圈饲养、加强运动、刷拭、修蹄、定期称重和检查精液品质等几个方面。

**（1）单圈饲养**　公猪只要开始配种，公猪之间便加深敌意，很不友好，只要一碰面就会咬斗不休，消耗体力。因此，公猪必须单圈饲养。

**（2）加强运动**　运动可以加强机体新陈代谢，锻炼神经和肌肉。合理的运动可增进食欲，增强体质，提高配种能力。

一般要求上下午各一次，行程约 2 千米，时间 1 小时。夏天应在早晨和傍晚进行；冬天可在中午进行；若遇酷暑严寒或刮风下雨的恶劣天气，可停止运动。在配种期要适度运动，在非配种期和配种准备期要加强运动。

运动方式可采用单猪驱赶法，该法适用于小型猪场。公猪较多时，单猪驱赶法太浪费人力，可采用公猪运动新技术，即循环跑道自逐式运动（此法由山西高平县畜牧局在 20 世纪 80 年代首创，本文作者在原基础上做了改进）。用砖砌成平行墙，墙高 1 米（为便于操作，0.5 米在地下、0.5 米在地上），墙距 0.6 米，首尾衔接为循环跑道，循环道长度可根据猪群大小而定，但至少30米长（见图3-1）。道旁开两道活门，出入口安在靠高墙的地方，便于赶入和赶出。道间安几个闸门，有几头公猪，设几道闸门。运动时赶入1头猪，插1道闸门，直到把所有公猪赶入后，方把闸门依次拔起，运动完毕再用闸门把猪隔开，再分别赶回原圈。运动时间的长短可根据猪的运动强度而定，一般20～30分钟即可。如果公猪很多，可增加几条并行的环形跑道。

**(3)刷拭和修蹄** 每天给公猪用硬毛刷刷周身1～2次，如有条件，还可让公猪在炎热的夏天每天洗一次澡。在公猪的圈内运动场安一个喷头，在中午13点左右放水20分钟即可。刷拭和洗澡可减少皮肤疾病和寄生虫病，并能刺激性器官发育，提高性欲，增强精子活力。

**图3-1 公猪群体循环运动场**

水泥地板最易引起公猪（尤其是长白猪）蹄甲变形，应及时给公猪修理蹄甲，用修蹄刀将蹄甲削短削平。修理蹄甲一则对公猪的健康有利，二则可避免在与母猪本交时刺伤母猪。一旦刺伤母猪，母猪则拒绝与之交配，影响猪群繁殖。

**(4)定期称重和检查精液品质** 公猪的体况应适度控制，以不胖不瘦、八成膘情为度。因而应定期称重，并根据体重变化调整饲料配方或给饲量。较大型的猪场应购买电子称重笼。

对于季节配种且实行本交的公猪应每10天检查1次精

液品质，人工授精则每天都要检查。根据精液品质调整公猪的运动、采食与配种频率。精液太少、精子太稀、活力差都不应配种或输精，应暂停采精。

**2. 配种利用管理** 在广大农村因缺乏有关知识，只考虑使用公猪，不懂得保护公猪，往往导致公猪早衰，配种能力急剧下降，配种效果极不稳定。所以，必须加强公猪的配种管理。

**(1)掌握初配月龄和体重** 公猪的月龄和体重都未达到就进行配种，是公猪早衰的主要原因之一。公猪初配的月龄一般为 8～12 个月龄，体重为 80～120 千克(与品种有关)。我国的地方品种体型小，应取下限；外国引进的品种为大型品种，应取上限；培育品种取中间。如果体重达到了初配体重，而月龄未达到初配月龄，说明公猪养得太肥；如果月龄到了而体重未达到，说明公猪太瘦，都不能进行配种。通过控制饲料量和调节运动强度来调整，使公猪符合配种条件。

**(2)控制配种强度** 配种方面的误区是哪一头公猪好用，总是想用哪一头配种；对不好用的公猪，则总是不用。却不知公猪配种强度过大，是造成公猪早衰和配种力下降的重要原因之一。公猪配种过度，即使从表面上看已配了种，但配种效果很差，母猪产仔头数很少，甚至母猪受不了孕；而常不用的公猪偶然用一次也是死精子太多(不常配种的公猪精液中存留不少死精子)，配种效果也不好，母猪的产仔数也很少。

要根据猪的年龄决定配种强度。一般情况下，2 岁以下的幼龄公猪，应每 2～3 天配种一次；2～5 岁的壮年公猪，每天可配种一次，连续 6 天，休息 1 天；5 岁以上的老公猪，每隔 1～2 天配种一次。人工授精的采精也是这样。在采用季节配种、母猪集中发情配种而公猪不太多的特殊情况下，幼龄公猪可连续配种3天，每天一次，每4天休息1～2天；壮年公猪每天配种两次，间隔10～12小时，连续5天休息1～2天；老公猪则日配两次，连续3天休息1天。为了有效地利用良种公猪，有条件的猪场应采取全年均衡配种分娩。要使公猪有个合适的比例。季节配种法公母比为1∶5～1∶10，全年配种为1∶25～1∶35。该比例还要视群体大小而定，群体小（母猪100～300头）取下限，群体大（母猪500头以上）则取上限。

**(3)配种禁忌** ①不能在公猪圈内配种，以免留下配种气味及母猪的气味，使公猪骚动不安，影响休息和健康；②公猪配种后不能让它立刻卧入湿地，以免引起感冒降低体质；③公猪配种后不能马上回到公猪圈，以免带回母猪气味；④公猪配种后不能马上刷拭、修蹄，更不能淋浴，应让它休息；⑤公猪配种后不能马上饲喂，以免引起消化不良；⑥公猪配种后，不能马上运动，也不能在运动后马上配种。

## 三、如何提高种母猪的繁殖效果

提高种母猪繁殖效果的技术，主要包括适时配种、保胎管理、安全接产与分娩异常处理、哺乳母猪的饲养管理、母猪繁殖障碍的处理等方面。

### (一)适时配种

外形好看的猪，不一定繁殖性能好，不一定能正常发情；有的猪虽然发情，但不很明显，必须提高诊断水平才能适时配种；有的猪不发情，可以采取一定技术措施促其发情；有时母猪需要分批发情，就需要控制其发情时间。外国猪发情一般不太明显，更需认真掌握发情诊断技术。

适时配种的关键是发情诊断。有的母猪不能正常发情，需要采取一定措施；较大规模的猪场，应按计划配种，以免配种太集中而公猪负担过重导致配种效果差，因而需要进行发情控制。

**1. 发情诊断技术** 对于青年母猪，可借助发情规律（发情周期 21 天）进行辅助性发情诊断；而对于经产母猪，则不管其产后哺乳期的发情（产后 2～7 天，22～32 天），只对仔猪断奶后的发情进行诊断。

对发情明显而且正常发情的猪，根据其发情表现可比较容易地诊断出来。其发情表现主要有：不想吃食、烦躁不安、乱动乱叫、阴户红肿，当阴户流出黏液、按压母猪腰部则站立不动时，达到了发情的高峰。

发情是一个综合性征象，不能看到一点就马上确定。如感冒可引起猪不吃食；饥饿状态的猪易烦躁不安；子宫或阴道有炎症时，也会阴户红肿，流出黏液；性格温驯的猪按压其任何部位都站立不动，这些都不是发情表现。但是对于发情不太明显的猪，平时又不肯让人按压背部的猪，如果接受按压则可能在发情。有人对不易判断发情的猪采用仪器进行诊断。用专用的电阻仪，将电极置阴道前庭左壁阴蒂以上 2～3 厘米处，观察电阻变化，进行判断。如鲁立军等（1991 年）对 1 097 头发情母猪鉴定后，其电阻值与受胎率的情况见表 3-1。

**表 3-1 电阻法发情诊断**

| 项 目 | 判 断 | | |
|---|---|---|---|
| 电阻（欧姆） | 5000～16900 | 9000～14900 | 11000～14900 |
| 受胎率（%） | 93 以上 | 97 以上 | 98 以上 |

由上表可知，电阻值在 11 000～14 900 欧姆时，是母猪发

情旺盛期。鲁立军等继续对 658 头用电阻法诊断的母猪与 588 头经验法判断的母猪进行输精，并对二者作比较，进一步证实了电阻法的准确性(表 3-2)。

**表 3-2　电阻法与经验法判断发情程度**

| 组　别 | 输精（头） | 受胎（头） | 受胎率（%） | 母猪（头） | 产仔（头） | 平均产仔（头） |
|---|---|---|---|---|---|---|
| 电阻法 | 658 | 641 | 97.42 | 641 | 8708 | 13.5 |
| 经验法 | 588 | 543 | 92.30 | 543 | 6906 | 12.2 |

从表 3-2 可看出，电阻法不仅能提高受胎率，而且在适宜的时间内配种还提高了窝产仔数。

**2. 促进发情的措施**　母猪可能由于太肥、太瘦或其他原因而不表现发情，需采取一些措施促进其发情。除给肥母猪减料或瘦母猪加料调整体况外，目前比较有效地促进发情的方法主要有三种：公猪诱导、药物催情、按摩乳房。

**(1)公猪诱导**　用公猪诱导是最简单而有效的方法。用多余的公猪(或试情公猪)追逐不发情的母猪，或公母猪放在一个圈内，可刺激母猪发情。如果公猪不多或公猪负担太重时，不宜采用这种方法。

**(2)药物催情**　利用激素催情效果最好，诱导发情率可达 100%，情期受胎率高达 75%以上。先给不发情母猪肌内注射维生素 A，维生素 D，维生素 E 合剂 5～7 毫升，第三天肌注孕马血清促性腺激素 1 000 单位，第六天再肌注绒毛膜促性腺激素即可。天津试验动物中心生产的“猪宝灵”只需肌内注射 1 支便可有效地促进不发情母猪正常发情，有效率达 81%～89%。利用中草药催情更为经济方便，陈艾 250 克、益母草 500 克、当归 50 克研成细末，分三天拌在饲料中饲喂，可使不发情母猪正常发情。

**(3)按摩促情** 既无激素又无药也无多余公猪的情况下，可让饲养员给母猪按摩乳房，促进不发情母猪发情。一般在母猪早饲30分钟后进行。让母猪侧卧，用手掌用力反复按推摩乳头和乳房皮肤10分钟，每天一次。待出现发情表现时，改为5分钟推摩后，用手指端在乳头周围乳房上绕乳头作用力按摩5分钟(注意不要造成乳头损伤)，每天一次。直到配种或输精当天改为推摩3分钟、圆圈按摩10分钟即可以促进排卵。

**(4)气味刺激** 用在公猪圈放置数小时的布、棉花、干草，最好在上面再洒点公猪的精液，然后放在母猪圈内，用气味刺激乏情母猪发情。

**(5)声音刺激** 可在母猪圈播放公猪的叫声，也可刺激乏情母猪发情。

**(6)其他方法** 曾有人将不发情母猪停饲1天，或控制母猪的饮水量，甚至停水8～10小时。都能促进母猪的发情。

**3. 发情控制** 集约化、工厂化养猪一般为全年均衡配种、产仔。因此，需要控制发情。控制发情包括抑制发情和促进发情两方面。使用上述“猪宝灵”对初情期母猪有较好的同期发情效果，有效率为78.26%；对不同期分娩的母猪将小猪同期断乳，可造成自然的同期发情。

**4. 如何提高配种效果** 提高配种效果的要点是把握配种时机和增加配种次数。

**(1)把握配种时机** 把握配种时机，正常发情和非正常发情两种情况是不同的。

正常发情的情况是，发情开始的24～36小时开始排卵，持续10～15小时；卵子排出后8～12小时内有活力；精子

2～3 小时游到受精处，10～20 小时内有活力；幼龄母猪排卵较晚，老龄母猪排卵较早。根据发情排卵与精子游动存活的规律，可进行适时配种。老母猪的配种最佳时间是在发情开始的 24 小时之内，最晚不能晚过 37 小时；幼龄母猪的配种则分别是 36 小时和 60 小时；中龄母猪介于二者之间，即 30 小时和 48 小时。

非正常发情是指催情或控制发情后的情况。对采取催情或控制发情措施的母猪，把握配种时机，是指在出现第二个发情周期时进行的配种。因为第一个发情周期时，排卵未进入正常，排卵少且没有规律。

**（2）增加配种次数**　用一头公猪配种增加配种次数，母猪可在一个情期内配种两次，间隔 8～18 小时。如果公猪有富余，母猪在一个情期内，可用两头公猪配种两次，间隔 5～10 分钟。

在配种或输精前最好用 0.1％高锰酸钾擦洗消毒外阴，配种（或输精）完毕，要做好记录，妥善保存。

**（3）用混合精液输精**　600 头母猪以上的规模养猪（包括产业化养猪）可采用人工授精。通过人工授精可节约大量的公猪费用（每头每年至少 1 200 元），减少疾病传播，解决公母体重差异悬殊不适于本交的难题，充分发挥优良公猪的作用。

在商品猪生产中，用混合精液输精，可提高受胎率和产仔数，而且仔猪初生重大，健康水平高。

**5. 配种禁忌**　母猪配种后不能让母猪马上卧地休息，要慢慢驱赶 10 分钟左右，以防精液倒流；不能马上到阴凉、潮湿的地方，以防感冒；不能马上饲喂，以防消化不良。

### (二)保胎管理

母猪配种(或输精)之后,并不一定都能怀孕。有的母猪怀孕后,容易看出来,有的则不能。对于母猪怀孕与否,经验丰富的人比较容易判断出来,但对不明显的怀孕比较难判断;有的人对母猪怀孕很生疏(初次养母猪的人),判断母猪怀孕较困难,甚至很明显的怀孕也认不出来。因此,有必要介绍妊娠诊断技术。确实证明怀孕了则应采取保胎措施,减少胚胎死亡。

**1. 妊娠诊断** 妊娠就是通常所指的怀孕。妊娠诊断的常规方法有三种:规律判断法、外表观察法、诱导法。

**(1)规律判断法** 所谓规律是指发情规律。母猪这一次发情开始到下一次发情开始的时间间隔叫做母猪的发情周期,母猪的发情周期为 21 天左右。如果母猪在配种(或输精)以后 21 天左右(18～23 天)不再有发情表现,基本上可以确定母猪已怀孕了。

**(2)外表观察法** 外表观察法指观察母猪的身体外表及行为表现。母猪一旦怀孕了,生理上发生一些变化,会逐渐表现在外表及行为上,观察外表及行为可判断其是否已怀孕。这种方法简单易行。

①观察体表 母猪配种(或输精)以后逐渐出现阴户收缩成一条线,尾巴下垂,继而皮毛逐渐光亮的现象,这基本上可以判断为怀孕。

②观察行为 母猪配种(或输精)以后逐渐表现为食欲旺盛、性情变得温驯、动作也变得稳重——这是动物保护胎儿的本能,尤其是好睡不好动,懒洋洋地老是想躺着。可以根据这些表现确定母猪已怀孕。

(3)诱导法　规律判断法只有对发情明显的母猪才易于判断，外表观察法的行为及体表表现较晚，待到看出来时，已差不多到怀孕后1个月了。有些猪，尤其是外国猪种怀孕70天都不容易看出来，而保胎的两个关键期就在1个月内，所以还应借助诱导法进行妊娠诊断。

诱导法是对配种或输精后16～17天的母猪注射1毫克乙烯雌酚(要特别小心)，未孕母猪在注射乙烯雌酚后5天内便可出现明显的发情征象。这种方式适用于发情不明显的猪的妊娠诊断，是当前行之有效的先进技术。

还有一些用仪器分析测定或探测的方法，需要专用设备，一般养猪户没有必要为几头母猪购买昂贵的仪器设备。

**2. 保胎技术**　保胎是一项综合技术，涉及营养控制、环境控制和管理技术三个大的方面，同时也说明营养、环境、管理不良是造成胚胎死亡的最主要技术因素。母猪怀孕期要控制饲喂量，环境温度应控制在0℃～15℃，保持安静的状态为宜。

保胎工作不能等到判明已怀孕才开始，而是在配种(或输精)10天以后就应实施。保胎的依据是在怀孕期容易引起胚胎死亡的三个关键期：配种后的9～13天，18～24天，60～70天，为妊娠母猪的三个最容易引起胚胎死亡的特殊时期，应特别注意。

配种后9～13天，受精卵结合子已发育到一定程度，开始与子宫接触，准备着床而又尚未植入，如果子宫内环境受到干扰，最容易引起死亡，这一阶段的死亡数占总胚胎的20%～25%，是胚胎死亡的第一个高峰；18～24天，是胚胎器官形成期，胚胎争夺胚盘分泌的某种有利于其发育的类蛋白物质，在争夺中，强者生存，弱者死亡，死亡数占总数的10%～

15%，为第二个高峰；60～70天，胚盘停止发育，而胎儿发育加速，营养供应不足则引起胎儿死亡，死亡率为5%～10%，为第三个死亡高峰。三个高峰期的死亡数几乎占受精卵的50%。整个妊娠期间，要保持圈舍安静不受干扰，不要硬逼驱赶猪，最好让猪停止运动；避免惊吓，不让母猪跨越沟壕；不能喂冰冻饲料。

控制母猪妊娠期的饲喂量，是保胎的重要技术措施。妊娠前期（配种后21天以内）日喂量2千克，妊娠中期（22～60天）2.5千克，妊娠后期（61～107天）3千克，产前1个月改用泌乳母猪料饲喂，每天饲喂2次，妊娠期净增重保持在20千克左右为宜。如果不控制采食量，结果将母猪养得太肥，反而造成死胎增加，而且往往有难产现象。

### （三）安全接产与分娩异常处理

母猪分娩是繁殖的最后一个环节，如果技术掌握不到位就会造成仔猪伤亡，增加养猪成本，降低经济效益。分娩的临床诊断和安全接产至关重要，还应及时处理分娩中的异常情况。

**1. 确定预产期** 根据配种或输精记录，推算预产期。母猪怀孕期为114天左右，为便于记忆，可叫做3月3周又3天。推算方法：有效配种日数小于6时，用月加3、日加24法，比如有效配种日期是3月2日，则母猪的分娩日期基本上可确定为6月（3+3）26日（24+2）；有效配种日数大于6时，用月加4、日减6法，比如有效配种日期3月8日，则母猪的分娩日期基本上可确定为7月（3+4）2日（8−6）。

在生产中要结合临产征象，进一步确定分娩时间，不可死板教条。母猪分娩的前半个月就开始有征象，越接近临产，征象越明显，而且越需要勤观察，不可疏忽大意。

**2. 临产诊断**　通常在产前 24 小时开始表现絮窝、起卧不安、经常翻身改变躺卧姿势；阴门红肿，频频排尿；乳房有光泽，两侧乳头外张，用手挤压有乳汁排出。当最后一对乳头能挤出乳汁时，约 6 小时左右分娩。在分娩前 6 小时呼吸增加至每分钟 91 次，当呼吸逐渐下降至每分钟 72 次时，第一头仔猪即将分娩。

母猪产前征兆与产前时间的关系见表 3-3。归纳起来为：行动不安，起卧不定，食欲减退，衔草做窝，乳房膨胀，具有光泽，挤出奶水，频频排尿。有了这些征兆，一定要有人看管，做好接产准备工作。

**表 3-3　母猪产前征兆与产前时间的关系**

| 母猪产前征兆 | 距产仔的可能时间 |
|---|---|
| 乳房胀大（俗称"下奶缸"） | 15 天左右 |
| 阴户红肿，尾根两侧开始下陷（俗称"松胯） | 3～5 天 |
| 挤出乳汁（乳汁透明） | 1～2 天（从前面乳头开始） |
| 叼草做窝（俗称"闹栏") | 8～16 小时 |
| 乳汁为乳白色 | 6 小时左右 |
| 每分钟呼吸 90 次左右 | 4 小时左右（产前一天，每分钟呼吸约 54 次） |
| 躺下、四肢伸直、阵缩间隔时间逐渐缩短 | 10～90 分钟 |
| 阴户流出分泌物 | 1～20 分钟 |

**3. 接产准备**　根据临产征兆做好接产准备工作，包括产房的准备和接产用品的准备。对于集约化、工厂化养殖，准备产房比较简单，上一批母猪断奶离开产床后，对分娩栏用火焰枪消毒其产床铁架，木质部分用高压消毒枪消毒，喷雾器喷洒

菌毒敌等消毒空气，有条件还可开10分钟紫外灯。1星期后将母猪赶上床，然后在产前4小时准备好接产用品：毛巾、盘秤、耳号钳、指甲剪、记录本等。条件较差的小规模猪场或个体散养，准备工作则较麻烦，尤其是天气寒冷时。首先消毒产房，在产前10天，用3%火碱喷洒消毒地面及墙壁至距地面60厘米高处；将滚压过的长不过15厘米的麦秸或稻草，用菌毒敌或来苏儿或新洁尔灭喷洒消毒、晾干后放进猪舍内做垫草，铺垫厚度5厘米，面积2平方米；并准备小猪保育箱。如果天气寒凉，猪舍还需有升温措施，生产条件差的情况，通常用火炉。其他准备工作与集约化方式相似。

在分娩前10天进行体内外驱虫，分娩前7～10天转入分娩舍。

**4. 接产注意事项** 接产技术包括常规接产法和剖腹产。一般采用常规接产法，生产无特定病原猪群采用剖腹产法。

**(1)常规接产法** 产前给母猪用1‰高锰酸钾进行产前消毒，主要是外阴和奶头，消毒后及时擦干净。接产员要守在产房，一直等到最后一头小猪产出。如有难产现象，应给母猪注射催产素，并进行助产。观察胎衣是否全部排出，并及时拿走胎衣，不得让母猪吃掉，以免导致母猪消化不良；观察母猪奶头是否被小猪咬伤，如有咬伤应及时治疗。

**(2)剖腹产法** 猪气喘病、萎缩性鼻炎、赤痢、弓形体病等是经产道感染的四大慢性传染病，为了建立无特定病原猪群(SPF)，往往采用剖腹产法。这是目前养猪生产中的先进接产技术。目前，疫病威胁养猪生产的情形十分严重，很有必要采用剖腹产法建立无特定病原的猪群。

无特定病原猪群的商品猪生产性能目前是最好的，但需要高素质的猪场进行生产，因为，无特定病原猪群在不良环境下，有些疾病很容易感染复发，这也是目前难于推广的主要原因。然而，无特定病原猪群的生产是生产“安全猪肉”的必由之路。

北京养猪育种中心生产无特定病原猪群已有数十年的历史，积累了丰富的经验，可提供优良的无特定病原猪群的种猪。

### （四）哺乳母猪的饲养管理

哺乳母猪的饲养管理的依据主要是分娩损伤、昼夜泌乳、保护仔猪。

**1. 饲料过渡** 产后5天内的泌乳母猪身体较虚弱，消化功能也大为减弱（分娩损伤综合征），所以需要控制饲喂量，逐渐增加。饲料的状态应逐渐由稀喂过渡到稠喂，再过渡到干喂，一直达到正常的饲喂量，10天后开始加料，直至20天后停止加料。为使母猪达到足够的采食，亦可5天以后采用自由采食的饲喂方式。对于泌乳母猪的饲养方式还要根据体况选择使用，对于体况较瘦的经产泌乳母猪应采用前精后粗的方式，而对于初产和在哺乳期间进行配种的经产泌乳母猪应采用一贯加强法。

**2. 合理营养** 泌乳是哺乳动物的特殊功能，由于泌乳造成的营养损失较大，一般情况下每日食入的营养物质不能满足泌乳需要，所以在泌乳期间，母猪的体重减轻15%以上，因而需要在泌乳期内加强营养。但是，营养的浓度不宜过高，过高会发生乳房炎。因此，营养浓度还需要适中。美国NRC研究指出，泌乳母猪每日的能量供给限定在12.8～14.2兆焦之间。

既要考虑母猪（青年母猪）的生长发育，又考虑泌乳量多少，还要考虑带仔的数量，来计算泌乳母猪的营养需要。带8头仔猪的泌乳母猪每日应进食每千克含12.55兆焦消化能的饲料5.25千克，即日食能量64.89兆焦。带仔8头以上，每增加1头仔猪增加能量5.23兆焦，即增加0.42千克饲料。

**3. 避免惊扰** 母猪没有乳池，不能随时排乳，乳猪也不能随时吃到母乳，要经过乳猪拱揉1～2分钟的刺激，乳腺活动后才能排乳。母猪白天和晚上均衡排乳，一昼夜排乳20多次，每次排乳10～20秒，最长可达40～50秒。因此，泌乳母猪非常疲劳，需要休息，尽量避免惊动泌乳母猪。

**4. 观察哺乳** 要仔细观察泌乳母猪哺乳乳猪的过程，如发现在乳猪吸乳时，泌乳母猪有明显的抽搐，或拒绝吸乳，很有可能是乳房发炎，或者是乳头被乳猪咬伤，都应及时治疗。乳房发炎可能是饲料营养过度，尤其是蛋白饲料过高，乳汁太浓稠，导致了乳房炎。应调整饲料，并连续三天注射青霉素800万单位。

**5. 合群运动** 对于没有限位分娩哺乳的泌乳母猪，产后3～5天，应让其开始适当运动，产后10～15天开始让母猪带仔在较大的运动场活动，使母猪逐渐恢复体力。

**6. 侧卧驯练** 泌乳母猪在哺乳时应养成两侧卧的习惯，这有利于乳猪吸乳。饲养员要以诱导的方式进行驯练。首先要频繁地以饲喂青饲料的方式接近母猪，但决不要去动乳猪，以免母猪护仔咬人，待母猪逐渐表示“友好”无警戒时，可用挠痒方式，挠母猪的下腹侧，母猪感到舒服了，便开始卧地，根据挠卧规律驯练母猪两侧卧，它就会逐渐形成两侧卧的习惯。

**7. 勤换垫草** 垫草容易受潮受湿，或被乳猪尿湿，如不换垫草，母猪卧在湿草上会患湿疹，影响母猪的健康，所以只要垫草湿了，就应及时换掉。

# 四、杂交利用

不同品种杂交所产生的杂种后代的生产性能及生活力一般高于其双亲(均值),叫做杂种优势,所以,商品肉猪大多为杂种猪。杂种优势的大小受多种因素的影响。因此说种猪的利用在于杂交。

## (一)猪的常用杂交方式

猪的杂交方式有多种,各有优缺点。常用的经济杂交方式主要有三种。

**1. 简单杂交**　也称二元杂交,见图 3-2。简单杂交所产生的一代杂种全部用作商品猪,其优点是:杂交方式简单,杂种一代的血统父本、母本各占50%;遗传性比较稳定,杂交效果可靠;成本低,容易推广。缺点是:母本不是杂种,不表现繁殖方面的杂种优势。

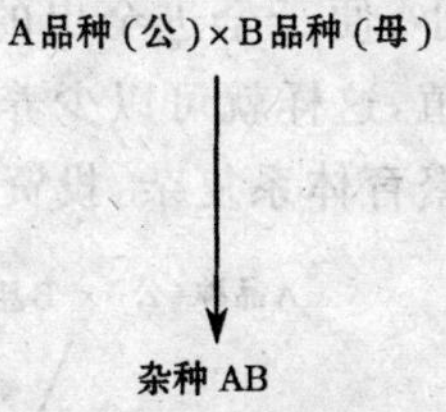


**图 3-2　二品种固定杂交图**

**2. 三元杂交**　首先两个品种杂交获得一代杂种,在一代杂种中选留优秀杂种母猪作母本,再与第三个品种公猪交配,产生的后代全部用作商品猪,杂一代品种母猪(B 品种或品系50%,C 品种或品系 50%),杂二代商品猪(A 品种或品系50%,B 品种或品系 25%,C 品种或品系 25%),见图 3-3。三元杂交一般优于二元杂交,尤其是母本杂种优势可得到有效利用;缺点是繁育体系复杂,不如二元杂交简便易行。

**3. 双杂交**　双杂交是两个品种杂交的杂种公猪与另外

两个品种杂交的杂种母猪进行杂交，生产杂种商品猪。如以长白猪、大白猪（C、D品种或品系）为母本，以汉普夏、杜洛克猪（A、B品种或品系）为父本进行双杂交生产的商品猪具有明显的杂种优势。商品猪含各亲本的血液分别为25%，见图3-4。双杂交比单杂交具有更强的杂种优势，双杂交的商品猪生活力强，生产性能高，母本杂种优势与父本杂种优势可得到很好的利用，商品猪体重差异小，便于全进全出的工厂化生产方式；由于大量利用杂种繁殖，这样就可以少养纯种，降低纯种猪的饲养成本。其缺点是繁育体系复杂，投资较大。

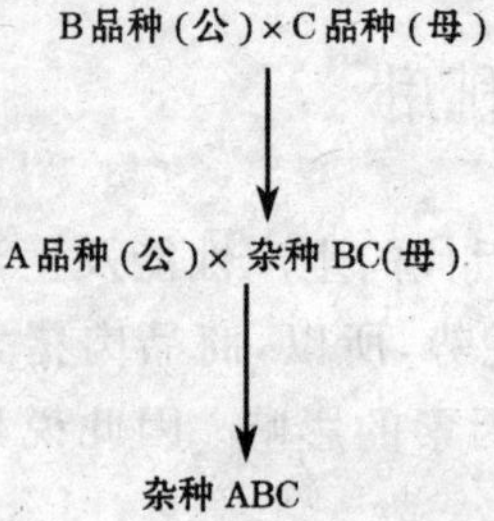


**图3-3　三品种杂交图**

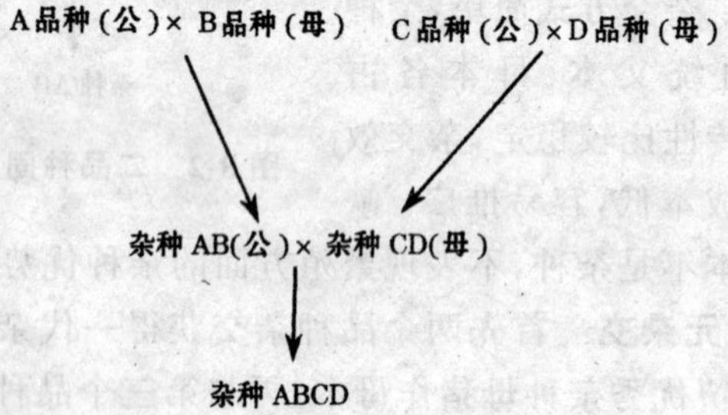


**图3-4　四品种双杂交图**

## （二）专门化品系杂交

多年的生产实践和研究表明，猪的品种间杂交越来越难满足现代化养猪业生产的要求，于是，在应用品种间杂交的基础上，逐步用专门化品系杂交来代替品种间的杂交，取得了很好的效果，杂种优势利用获得了重大突破。配套系杂交繁育生产体系的猪由祖代、父母代、商品代组成。专门化品系杂交的方式主要有以下四种。

**1. 二系配套** 只有一个父本品系和一个母本品系。优点是二系杂交产生的子一代有较大的杂种优势，而且从亲代到商品猪的遗传改进传递的途径最短。所以从商品猪饲养者的角度来看，从二系配套的育种场购买父母代生产商品猪是最有利的。

**2. 三系配套** 通常有一个父本父系(终端父本)一个母本父系和一个母本母系。优点是母本猪本身具有杂种优势，如产仔数、泌乳力、存活力等性状都比亲本要好。

**3. 四系配套** 各有一个父本父系、父本母系、母本父系和母本母系。这一配套方式多数使用四个品种，如用汉普夏与杜洛克杂交作为父本，大约克和长白猪杂交作为母本，双杂交的方式生产四品种或品系杂交的商品猪。也有用三个品系按四系配套的形式生产商品猪，即所谓的“真三假四”。

**4. 五系配套** 与四系配套不同之处为母本母系又由两个品系杂交而成。五系配套的制种成本高，商品猪整齐度好，减慢了育种群中的遗传改进传递到商品群的速度。如英国 PIC 公司的 PIC 配套系(图 3-5)、比利时斯格配套系(图 3-6)(河北安平县中外合资河北裕丰实业股份有限公司种猪销售公司为中国斯格配套系龙头)都是由 5 个专门化品系构成。

但并不是杂交一定能产生杂种优势，因而需要进行杂交配合力测定，然后确定杂交父本和母本。因此，养猪户应请教有关专家、教授，确定杂交的父本和母本。

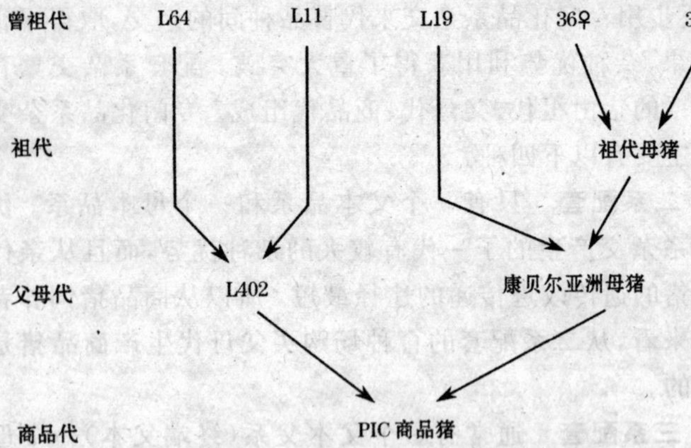


**图 3-5　PIC 猪配套系繁殖生产体系**

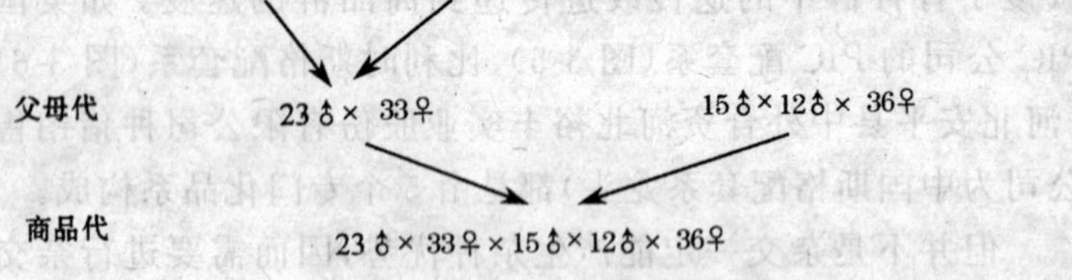


**图 3-6　斯格猪配套系繁殖生产体系**

# 第四章　提高仔猪成活率

在农村，仔猪的培育是一个薄弱环节，主要是因为不了解仔猪的生理特点，更不知道如何针对仔猪的生理特点采取培育仔猪的技术措施，提高仔猪成活率。而且在仔猪的培育方面也存在一定误区。

从出生到20千克体重阶段的猪叫仔猪，根据仔猪获取营养的主要来源将其划分为哺乳仔猪、断奶仔猪两个阶段。在生产中，断奶仔猪通常饲养到30千克重。养猪生产中仔猪的培育是农民养猪的薄弱环节。仔猪阶段的死亡率很高是由仔猪的生理特点决定的，提高仔猪成活率必须掌握仔猪的生理特性，进行科学的饲养管理。

## 一、仔猪生理特性与死亡分析

仔猪的生理特点与仔猪较高的死亡率密切相关，为了采取科学的管理手段，有效降低仔猪的死亡率，有必要科学全面了解仔猪的生理特点。

### （一）仔猪生理特点

仔猪的生理特点表现在三个方面：生长发育快，消化系统不健全，抗逆性差、免疫力缺乏、调节体温能力差、易得病。

**1. 生长发育快**　仔猪出生时体重小，不到成年体重的1%（羊为3.6%，牛为6%，马为9%～10%），一般在1千克左右，与其他家畜相比是最小的。但仔猪生后生长发育迅速，

10日龄体重可达到出生重的2倍以上,30日龄达5～6倍,60日龄达10～13倍或更多,体重达到20千克以上,这是其他家畜都不能比拟的。

哺乳仔猪的快速生长是以物质代谢为基础的,是猪乳的特殊营养作用与哺乳仔猪对乳营养消化利用率特别高两个方面共同作用的结果。

一般情况下,生后20日龄的仔猪沉积每千克体重需蛋白质9～14克,相当于成年猪的30～35倍(成年猪仅为0.3～0.4克);需代谢净能0.3兆焦,为成年母猪的3倍;仔猪的矿物质代谢速度也高于成年猪,每千克增重中含钙7～9克、磷4～5克。因此,仔猪对营养物质的需要,不但在数量上和质量上都要求较高,而且对营养不全反映敏感。

**2. 消化功能不全** 猪的消化器官在胚胎期形成,出生时重量和容积都小,是晚熟器官。消化器官发育的晚熟,导致消化酶系统发育较差,消化机制不完善,消化酶功能的发挥呈现明显的阶段性。新生仔猪的消化道,只适应于消化母乳中简单的脂肪、蛋白质和碳水化合物,利用饲料中复杂分子的能力则有待于发育。仔猪对营养物质的消化吸收取决于消化道中酶系的发育,消化酶活性与猪龄的关系见图4-1。初生仔猪胃液中的消化酶主要是凝乳酶和少量的蛋白酶,唾液和胃蛋白酶很少,约为成年猪的1/4～1/3。仔猪出生后,凝乳酶已起着凝固乳汁、改善蛋白消化的作用。由于初生仔猪胃和神经系统之间的联系还没有完全建立,缺乏条件反射性的胃液分泌,加之胃底腺区的壁细胞和主细胞发育不成熟,缺乏游离胃酸,胃蛋白酶没有活性,不能消化蛋白质,特别是植物性蛋白,只有食物进入胃内直接刺激胃壁后,才分泌少量胃液。胃内容物pH值(酸碱度)高,小肠黏膜抵抗能力弱,易被各种外源性蛋白质抗原损伤，并引起仔猪营养性下痢。胃内酸性物质的主要来源是乳蛋白发酵产生的乳酸。随着仔猪日龄的增长和食物对胃壁的刺激，胃酸的分泌不断增加，14 日龄后胃液中的游离胃酸才开始出现，胃液的抑菌、杀菌作用和胃蛋白酶的消化功能才逐渐表现出来，非乳蛋白质才能有限地被消化，仔猪才可利用多种饲料。35～40 日龄的仔猪，胃液已具有明显的抑菌和杀菌作用，胃蛋白酶才表现出对乳汁以外的多种饲料的消化能力。

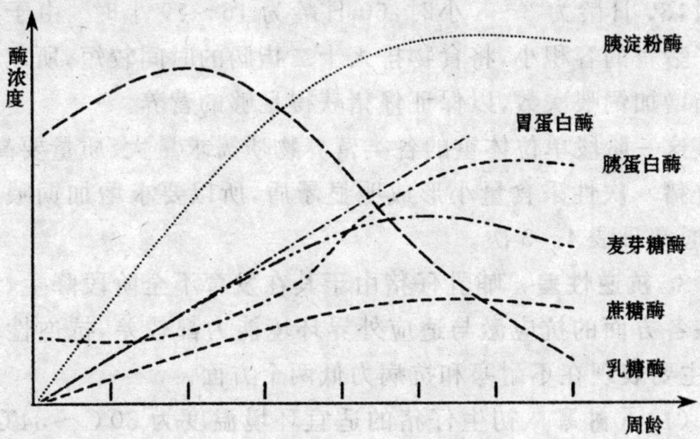


图 4-1　猪龄与消化酶活性关系图

仔猪生后第一周内消化酶主要对乳的消化，乳糖酶以及与消化母乳中碳水化合物有关酶的活性在出生后 2～3 周达到高峰，然后很快下降；相反，蛋白分解酶胃蛋白酶和胰蛋白酶则在出生时特别低，直到 3～4 周龄以后才开始缓慢地升高，淀粉分解酶的情况也相类似。到仔猪 3 月龄时，胃液中的胃蛋白酶才增加到成年猪的水平。所以，母乳是仔猪营养中消化率最高的饲料，5 日龄到 5 周龄的仔猪对母乳中蛋白质的消化率达到98%，对牛乳蛋白质的消化率可达95%～99%，对鱼粉达到92%，而对大豆蛋白质的消化率明显较低，仅为80%；第一周龄仔猪对玉米淀粉的消化率只有25%，3周龄后也只能达到50%。所以，配制仔猪的饲料时应加入酸化剂，以提高仔猪对植物蛋白的消化利用率。猪乳中的脂肪是以乳化状态存在的，故仔猪对乳脂肪的利用率较高。

仔猪消化功能不完善的又一表现是食物通过消化道的速度较快，食物进入胃内后完全排空的时间，15日龄时约为1.5小时，30日龄为3～5小时，60日龄为16～19小时。由于哺乳仔猪胃的容积小，将食物排入十二指肠的时间较短，所以应适当增加饲喂次数，以保证仔猪获得足够的营养。

这一阶段单位体重的各类营养物质需求量大、质量要高，与仔猪一次性采食量小形成明显矛盾，所以要求增加饲喂次数，通常日喂4～5次。

**3. 抗逆性差** 哺乳仔猪由于其在发育不全阶段降生，因而在各方面的抗应激与适应外界环境能力都较差，抗逆性不强，主要表现在不耐寒和抗病力低两个方面。

**(1)不耐寒** 初生仔猪的适宜环境温度为30℃～34℃。在13℃～24℃环境下，初生仔猪1小时体温降低1.7℃～7.0℃，尤其是在生后20分钟内，羊水蒸发使体温下降更为明显，吸食初乳后的健壮仔猪，在18℃～24℃的环境中2天后可恢复正常体温。如将初生仔猪裸露在1℃的环境中，2小时即可将其冻昏、冻僵，甚至冻死。

仔猪调节体温的功能随着日龄的增加而增强，一般仔猪从7日龄开始有调节体温的功能，至20日龄时才基本发育完善。

**(2)抗病力低** 因为偶蹄动物的胚盘构造复杂，存在于母猪血清中的免疫球蛋白，不能通过母猪血管与胎儿脐血管传递给仔猪，限制了母源抗体通过血液向胎儿转移，从而导致初生仔猪没有先天免疫力。仔猪只有吃到初乳后，靠初乳把母体的免疫抗体传递给仔猪，并逐渐过渡到自身产生抗体而获得免疫力，仔猪的抗病能力才会得到改善。

母猪初乳中乳蛋白含量高达 7%，占干物质的 34%，其中绝大部分是免疫球蛋白，初乳与常乳中的营养成分组成列于表 4-1。初乳中的免疫球蛋白含量下降很快，母猪分娩 12 小时后，球蛋白含量比分娩时下降 75%，3 天后即降到 500 微克以下。仔猪出生后的 24 小时内，肠道上皮处于原始状态，具有很大的渗透性，仔猪吸食初乳后，可以不经转化直接吸收入血，使仔猪血液中的免疫球蛋白增加，免疫力迅速增加，促使仔猪从初乳中获得有效的被动免疫。肠壁的渗透作用随肠道的发育而改变，36 小时后明显降低。此外，开始时的初乳中含有胰蛋白酶抑制剂，能使抗体蛋白不被分解，如果 γ-球蛋白在肠道内被分解，则保护作用受到破坏。据研究证实，仔猪生后 3 小时吸收能力下降 50%，如果生后 12 小时才让仔猪吃奶，则只能吸收 6%，这时即使不考虑初乳中抗体浓度明显下降的因素，仔猪要获得免疫也已微乎其微。相反，初生仔猪要在 3 小时内吃到初乳，不仅初乳中 γ-球蛋白的数量多，而且吸收率也相当高，可起到完全的保护作用。只有通过让仔猪及早地吃到初乳，最迟要在 3 小时内，这样才能保证 1 周龄内仔猪获得足够有效的免疫。随着仔猪肠道的发育，上皮的渗透性发生改变，对大分子的抗体球蛋白的吸收能力下降，加上 3 天后免疫球蛋白含量即开始下降，所以依靠母乳维持免疫力的时间很短。仔猪的这种被动免疫水平在 7 日龄时达到高峰，在随后 3 周内很快下降。仔猪自身抗体的产生约在 10

日龄以后，主动免疫要在4～5周才开始建立。所以在2～5周龄间，仔猪抗体水平处于一个相对低谷期，抵抗力差，对随饲料和饮水进入的病原微生物缺少抑制作用，致使仔猪易感染疾病，甚至死亡。因此，需要一个洁净、无疫病污染的生存环境。

**表4-1　初乳与常乳中的营养成分**

(Dr. L. Schmidt, Schweineproduktion)

| 营养成分 | 出生后时间(小时) | | | | | 常　乳 |
|---|---|---|---|---|---|---|
| | 出　生 | 3 | 6 | 12 | 24 | |
| 脂　肪(%) | 7.2 | 7.3 | 7.8 | 7.2 | 8.7 | 7～9 |
| 蛋白质(%) | 18.9 | 17.5 | 15.2 | 9.2 | 7.3 | 5～6 |
| 乳　糖(%) | 2.5 | 2.7 | 2.9 | 3.4 | 3.9 | 5 |

初乳中除含有球蛋白外，维生素含量对新生仔猪有特殊的保护作用，初乳中维生素含量取决于母猪妊娠期的营养供给，与免疫球蛋白的情况类似，分娩后初乳中维生素A，维生素D，维生素E，维生素C和B族维生素，以及微量元素含量要比常乳高出数倍，仔猪吃到初乳越晚，得到的生物活性物质越少，抵抗疫病的能力越差。

### (二)仔猪死亡原因分析

仔猪死亡历来是养猪生产中的一大损失，死亡率的高低与环境条件、饲养方式有密切关系，其主要影响因素有分娩架和育仔栏的设计、分娩舍内的温湿度控制、仔猪保温方式、疾病的控制水平、母猪的营养和卫生条件等。在传统养猪条件下，哺乳仔猪的死亡与垫草数量关系较大。

在正常的饲养管理条件下，仔猪死亡与仔猪日龄高度相关。哺乳仔猪的死亡主要集中在生后的20日龄前。采用传统的地面平养方式，仔猪死亡率高，卧压死亡、咬死、冻死的仔猪多，亦易发生下痢、肺炎等疾病。高床网上饲养，设有保育箱，则可明显减少仔猪的死亡。减少哺乳仔猪死亡的关键是饲养人员的工作态度、勤劳精神和操作技能。

据 Kurz 和 Ernst(1987)调查，在死亡仔猪中，第一周龄死亡占 82%，第二周龄占 10%，第三周龄占 4%，第四周龄以上占 4%。死亡原因主要是：压、踩致死的占 47.7%，弱仔死亡占 18.6%，发育不良而死亡的占 11.7%，下痢死亡占的 4.1%，其他因畸形、冻死、咬死、饿死等造成死亡的占 17.9%

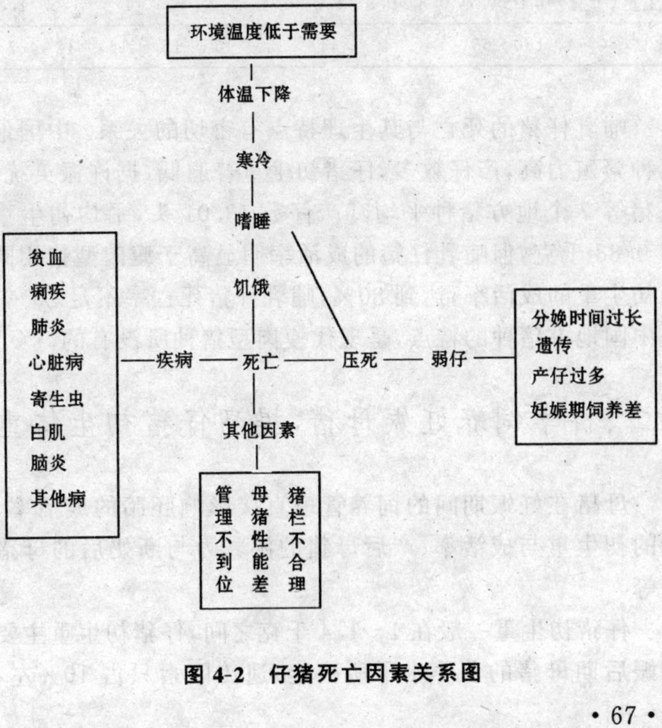


图 4-2 仔猪死亡因素关系图

(图 4-2)。

初生重对仔猪死亡率有重要影响。引入品种瘦肉型猪，初生重不足 1 千克的仔猪存活希望很小，并且在以后的生长发育过程中，落后于全窝平均水平。初生重每增加 0.1 千克，28 日龄前日增重提高 11.7%，到肥育开始日增重提高 7.5 克，肥育期限食饲养提高 13.6 克，自由采食提高 10.2 克。初生重不足 1 千克的仔猪，死亡率在 44%～100%，随仔猪初生体重的增加，死亡率下降。仔猪死亡率与初生重的关系见表 4-2。

**表 4-2 初生重与仔猪死亡率的关系**

| 初生重(千克) | 0.4～0.7 | 0.8 | 0.9 | 1.0 | 1.1 | 1.2 | 1.3 | 1.4 | 1.5 | 1.6 |
|---|---|---|---|---|---|---|---|---|---|---|
| 死亡率(%) | 100～65 | 64 | 49 | 44 | 35 | 16 | 15 | 14 | 12 | 7 |

哺乳仔猪的死亡与其生理特点有密切的关系。中国地方猪种繁殖力高，产仔数多，仔猪初生重普遍低，据许振英统计，民猪等 7 个地方猪种平均窝产仔数 13.01 头，平均初生重只有 0.83 千克，但哺乳仔猪的成活率明显高于瘦肉型猪相同仔猪初生重的成活率，达到 80%，哺乳仔猪死亡率不足 20%，这是中国地方猪种的特点，是现代瘦肉型猪种所没有的。

## 二、科学饲养妊娠母猪，提高仔猪初生体重

母猪在妊娠期间的饲养管理直接影响胚胎的成活率、仔猪的初生重与成活率、产后母猪的泌乳力与断奶后的母猪返情等。

仔猪初生重一般在 1～1.4 千克之间，仔猪初生重主要由妊娠后期母猪的营养水平所决定，遗传因素只占 10%左右。

提高仔猪的初生重可以提高仔猪的断奶重、育成率与肥育期的日增重。胎儿体重的50%左右是临产前20天沉积的，因而增加母猪妊娠后期的能量摄入可提高初生仔猪体重。在妊娠后期母猪饲粮中添加脂肪，能增加母猪的能源储备，提高初乳中的脂肪含量，提高仔猪的初生重，并能降低断奶前仔猪的死亡率。

一般认为妊娠期增重45千克，其中母体增长25千克，繁殖增长（胎儿、胎衣、胎水、子宫和乳房组织）20千克。中等体重（140千克）的妊娠母猪维持需要20.93兆焦消化能/日；母体增长25千克，平均日增重219克，需4.58兆焦消化能；繁殖增长平均日增重175克，约需1.15兆焦消化能。以此推算：妊娠前期根据不同体重，每日需要18.83～23.02兆焦消化能，妊娠后期每日需要25.11～28.83兆焦消化能。蛋白质对胚胎发育和母猪增重都十分重要，妊娠前期母猪需要粗蛋白质176～220克/日，妊娠后期需要260～300克/日，饲料中粗蛋白质水平为12%。蛋白质的利用率决定于必需氨基酸的平衡。钙和磷对妊娠母猪非常重要，是保证胎儿骨骼生长和防止母猪产后瘫痪的重要元素。妊娠前期需钙10～12克/日，磷8～10克/日，妊娠后期需钙13～15克/日，磷10～12克/日。磷酸氢钙和石粉可补充钙的不足，磷酸盐或骨粉可补充磷。使用磷酸盐时应测定氟的含量，氟的含量不能超过0.18%。饲料中食盐为0.3%，补充钠和氯，维持体液的平衡并提高适口性。微量成分是妊娠母猪不可缺少的营养。在妊娠母猪的饲粮中添加适量的维生素A、维生素D、维生素E、维生素C、维生素$B_2$、叶酸和矿物质元素如钙、磷、铁、碘等，可提高胚胎成活率和初生仔猪的抗应激能力。

仔猪肌肉中的肌纤维数在母猪妊娠期60～90天形成，是肌纤维的奠基阶段，而且是猪一生中肌纤维生长强度最大的时期，出生后不再形成新的肌纤维，而仔猪肌肉量的增加只能靠肌纤维的生长。因此，重视对妊娠母猪的饲养管理对提高仔猪产肉性能具有决定性作用。80～90 胎龄至出生期间，所有肌肉的肌纤维直径平均增大 52%，母猪在这期间要逐渐增加饲喂量，从前期的 2～2.2 千克/头·日，增加到分娩前 2.5～3 千克/头·日。

初产母猪的妊娠期营养供应尤其重要，它不仅影响本身的正常发育，而且对乳房正常膨胀有很大影响。

妊娠期内母猪对高温的忍耐力很差。当外界温度长时间超过 32℃时，妊娠母猪通过血液调节已维持不了自身的热平衡而产生热应激，胚胎的死亡率就会明显增加。因此，应采取措施(如通风、遮荫)，设法降低到最适温度。

## 三、抓好仔猪出生与哺乳期饲养，提高仔猪成活率

分娩是养猪生产中最繁忙的生产环节，是解决猪源的关键。其任务是保障母猪安全分娩，尽可能提高仔猪存活率。常言道："临产母猪经管好，仔猪成活母保膘"。

仔猪出生是其生命进程中的一大转折点，由母体的恒温、无菌环境到大自然的变温、有菌环境；从母体血液中被动获取营养到主动获取营养，仔猪一时难以适应，加之发育极不完善，很容易得病，所以仔猪尤其是哺乳仔猪的饲养管理是养猪生产的重点，应特别精心。仔猪从出生到断奶死亡率高达 20%。获得一头初生仔猪需付出饲料 56 千克的代价(分摊种猪的饲料)，4 周龄时又加耗约 3～4 千克(包括仔猪料)。因

此，高死亡率造成的经济损失必须予以高度重视。

## （一）搞好接产

接产是提高仔猪成活的重要环节。

通过改善环境条件、强化营养以及加强防疫等措施可减少胎儿的死亡率。仔猪死胎中约有70%～90%是在分娩时造成的，主要因子宫内缺氧引起仔猪窒息所致。分娩时胎盘收缩，血液流通不畅，部分胎盘脱离子宫，在分娩末期位于子宫前端的胎儿由于移行距离过长，造成脐带断裂或黏膜破裂，氧气供应不足，胎儿窒息死亡。疾病因素也是造成胎儿死亡的主要因素，如母猪细小病毒、乙型脑炎、猪瘟等都可引起胎儿死亡。另外，母猪年龄、公猪的精液品质、交配是否适时等都会影响卵子受精和胚胎死亡。

母猪接产包括正常产仔的护理、难产的处理与假死仔猪的营救三方面的工作。及时发现临产母猪是搞好接产的必不可少的前提条件。

### 1. 正常产仔的护理

**（1）把握接产时间** 把握接产时间，有利于提前做好接产准备工作。母猪产前征象，归纳起来为：行动不安、起卧不定，食欲减退，衔草做窝，乳房膨胀且具有光泽、挤出奶水，频频排尿。有了这些征兆，一定要有人看管。

**（2）接产技术** 安静的环境对正常的分娩很重要。一般母猪分娩多在夜间，在整个接产过程中要求保持环境安静、动作迅速而准确。

仔猪产出后，接产人员应立即用手指将仔猪的口、鼻的黏液掏出并擦净，再用抹布将全身黏液擦净。对个别胎膜附着胎儿出生而未能破裂的，要及时撕裂胎膜，以免胎儿窒息死亡。

将脐带内的血液向仔猪腹部方向挤压，在距腹部3厘米处把脐带用手指掐断，并用碘酒消毒。若断脐时流血过多，可用手指捏住断头，直到不出血为止。

为便于记载和管理，对仔猪进行编号，称重并登记分娩卡片。及时将产床、产圈打扫干净，排出的胎衣随时清理，以防母猪由吃胎衣养成吃仔猪的恶习。将仔猪送到母猪身边固定奶头，有个别仔猪生后不会吃奶，需进行人工辅助。寒冷季节，无供暖设备的圈舍要生火保温，或用红外线灯泡提高局部温度。

**2. 难产处理** 母猪长时间剧烈阵痛，但仔猪仍产不出，发现母猪呼吸困难、心跳加快时，应实行人工助产。一般用人工合成催产素注射，用量按每50千克体重1支（1毫升），注射后20～30分钟可产出仔猪。如注射催产素仍无效，可采用手术助产。进行手术助产前，应剪磨指甲，用肥皂、来苏儿洗净双手，消毒手、臂，涂润滑剂，同时将母猪后躯、肛门和阴门用1‰高锰酸钾溶液洗净；然后助产人员将左手五指并拢，成圆锥状，利用母猪努责间歇慢慢伸入产道，伸入时手心朝上，摸到仔猪后随母猪努责慢慢将仔猪拉出。在助产过程中，勿损伤产道和子宫，手术助产后母猪应注射抗生素或其他抗炎症药物。若母猪产道过窄或因产道粘连，助产无效时，可以考虑其他手术。

**3. 假死仔猪的急救** 有的仔猪产下呼吸停止、但心脏仍在跳动，称为“假死”。急救办法以实施人工呼吸最为简便，操作时可将仔猪的四肢朝上，一手托着肩部，另一手托着臀部，然后一屈一伸反复进行，直到仔猪叫出声后为止；也可采用在鼻部涂酒精等刺激物或针刺的方法来急救。如果脐带有波动,“假死”的仔猪一般都可以抢救过来。也可采用“捋脐法”抢救假死仔猪,救活率达98%。具体操作方法是,尽快擦净胎儿口鼻内的黏液,将头部稍高置于软垫草上,在脐带20～30厘米处剪断;术者一手捏紧脐带末端,另一手自脐带末端捋动,每秒1次,反复进行不得间断,直至救活。一般情况下,捋30次假死仔猪出现深呼吸,40次时仔猪发出叫声,60次左右仔猪可正常呼吸。特殊情况下,要捋脐120次左右,假死仔猪方能救活。对救活的假死仔猪必须人工帮助哺乳,特殊护理2～3天,使其尽快恢复健康。

**4. 剪齿断尾** 为防止咬伤乳头和仔猪相互咬伤,用消过毒的平钳剪剪掉犬齿的2/3。用于肥育的仔猪出生后,为了预防肥育期间的咬尾现象,要尽可能早地断尾,一般可与剪犬齿同时进行。方法是用钳子剪去仔猪尾巴的1/3(约2.5厘米长),然后涂上碘酒,防止感染,注意流血不止和并发症发生。

**5. 超前免疫** 超前免疫是近年来对猪瘟病预防性免疫的一种新技术,即在仔猪产出、去除羊膜与黏液并断脐后、吮吸初乳前,在颈侧肌肉丰满处注射猪瘟疫苗1头份,3小时后开食,20日龄时再进行2～4头份的强化免疫。这种方法主要应用于猪瘟发生日龄早于20日龄的猪场。为防止影响仔猪采食初乳,应用时要视情况而定。

### (二)让仔猪早吃和吃好初乳

初乳指母猪分娩后7天内分泌的乳汁。与常乳不同,初乳中含有对初生仔猪有特别生理作用的抗体、轻泻性镁盐,而且含有丰富的蛋白质、维生素,是初生仔猪获取营养、增强适应能力的主要物质基础,因而吃好初乳十分重要。

及早吃足初乳,是获得免疫力的惟一途径。初生仔猪不具备先天免疫能力，必须通过吃初乳获得免疫力。让仔猪尽可能早地吃到、吃好初乳，是初生仔猪获得抵抗各种传染病抗体的惟一途径，推迟初乳的采食，会影响免疫球蛋白的吸收。初乳中除含有足够的免疫抗体外，还含有仔猪所需要的各种营养物质、生物活性物质。初乳中的乳糖和脂肪是仔猪获取外源能量的主要来源，可提高仔猪对寒冷的抵抗能力；初乳对加强激素的作用，促进代谢，保持血糖水平有积极作用。仔猪出生后随时放到母猪身边吃初乳，能刺激消化器官的活动，促进胎便排出，增加营养产热，提高仔猪对寒冷的抵抗力。初生仔猪若吃不到初乳，则很难养活。

**1. 固定奶头** 固定奶头是仔猪吃好初乳的有效途径。母猪的乳房各自独立，互不相通，自成一个功能单位，每个乳房由 1～3 个乳腺组成，每个乳腺有一个乳头管，没有乳池贮存乳汁。各乳房的泌乳量差异较大，一般前部乳头奶量多于后部的乳头(表 4-3)。猪乳汁的分泌除分娩后最初 2 天是连续的分泌外，以后是通过刺激有控制地放乳，不放乳时仔猪吃不到乳汁。仔猪吸乳时，先拱揉母猪乳房，刺激乳腺活动，然后放乳，仔猪才能吸到乳汁，母猪每次放乳时间很短，一般为 10～20 秒，哺乳间隔约为 1 小时 1 次，后期间隔加大，日哺乳次数减少。

**表 4-3 乳头(对)位次与仔猪生长的关系**

| 乳头位次 | 1 | 2 | 3 | 4 | 5 | 6 | 7 |
|---|---|---|---|---|---|---|---|
| 泌乳量分布(%) | 23 | 24 | 20 | 11 | 9 | 9 | 4 |
| 哺乳仔猪 20 日龄重(千克) | 5.8 | 5.9 | 5.1 | 5.1 | 5.1 | 4.0 | 3.2 |
| 20 日龄内增长倍数 | 4.1 | 4.0 | 3.4 | 3.4 | 3.4 | 3.1 | 2.5 |

仔猪有固定乳头吮乳的习性，开始几次吮吸那个乳头，直

到断奶时不变。仔猪出生后有寻找乳头的本能，生后间隔3～15分钟即靠触觉寻找乳头吮乳。初生重大的仔猪能很快地找到乳头，而较小而体弱的仔猪四肢乏力，行动不灵，往往不能及时找到乳头或被强壮个体挤掉，这样易引起互相争夺而咬伤乳头或仔猪颊部，导致母猪拒不放乳或个别仔猪吸不到乳汁。因此，需要在人的帮助下固定奶头、开食。仔猪固定乳头的自然排位顺序依猪体强弱而定，一般强者在中间、弱者在两头。此外，根据初生猪个体大小人为安排吮乳位置，有利于仔猪发育均匀。

传统的观念（误区）认为，将体重大的仔猪放在产奶差的乳头上，把体重小且弱的仔猪固定在产奶多的乳头上，这样会使全窝猪生长均匀。事实上，出生时体重大的猪，其遗传基础好，只要在同等饲养条件下，它永远是强者、大者；而出生时弱小的猪遗传基础差，无论给它多么优越的条件，它的体重也很难赶上正常饲养条件下的大仔猪。如果把较大的仔猪放在产奶差的乳头，乳量不足，不能使它的生长潜力得到正常发挥，抑制了生长，有时可能会形成僵猪；而弱小仔猪吃乳太多会导致消化不良，而且吃不完乳会导致母猪患乳房炎。所以，固定乳头是在自然固定基础上的稍加调整。如果乳头数多于仔猪数，可让强仔吸两个质量差的乳头。

奶头固定一般需要8～10天，8天内可固定97%的仔猪。前3天与后3天固定的多是体重较轻者，4～6天固定的多为体大强壮者。影响奶头固定时间的因素很多，主要有仔猪的体重与体质、奶头位置、带仔数、奶量等。前3对奶头固定需要3.1天，中部奶头固定需要4.4天，7～8对奶头固定需要4天。奶头固定与猪体重的相关性见表4-4。固定乳头要以仔猪自选为主，个别调整为辅，特别要注意控制抢乳的强壮仔猪，帮助弱小仔猪吸乳。

**表 4-4 奶头固定与猪体重的相关性**

| 固定所需天数（天） | 固定仔猪数（头） | 固定猪比例（%） | 固定猪平均重（千克） |
|---|---|---|---|
| 1 | 9 | 8.82 | 0.97±0.09 |
| 2 | 21 | 20.59 | 1.10±0.09 |
| 3 | 27 | 26.47 | 1.06±0.10 |
| 4 | 13 | 12.75 | 1.14±0.14 |
| 5 | 14 | 13.73 | 1.17±0.11 |
| 6 | 7 | 6.86 | 1.44±0.06 |
| 7 | 4 | 3.92 | 0.96±0.13 |
| 8 | 4 | 3.92 | 1.03±0.09 |
| 9 | 1 | 0.98 | 1.00±0.10 |
| 10 | 2 | 1.96 | 1.02±0.05 |
| 合计 | 102 | 100 | 1.09±0.14 |

**2. 寄养或并窝** 生产中经常遇到母猪产后死亡、产仔过多或过少、产后无乳等现象。为了保证仔猪能够充分吮乳、保证母猪的充分利用，必须进行哺乳仔猪的寄养或并窝工作。一般情况下，泌乳母猪可负担 10～12 头仔猪的哺乳，太多不但影响仔猪发育，还会导致母猪太瘦，影响断奶后的发情。负担太少不仅浪费了母猪，还会增加母猪患乳房炎的发生率，初产母猪还影响乳房的正常发育。

寄养时应充分考虑寄养仔猪的体重、体质与被寄养母猪的营养、泌乳情况。影响哺乳仔猪死亡率的主要原因是仔猪的初生体重，当体重较小的仔猪与体重较大的仔猪共养时，较小仔猪竞争力就处于劣势，其死亡率会明显提高。在实践中，最好是将多余仔猪寄养到迟 1～2 天分娩的母猪，尽可能不要寄养到早1～2天分娩的母猪，因为仔猪哺乳已经基本固定了奶头，后放入的仔猪很难有较好的位置，容易造成弱仔或僵猪。在同日分娩的母猪较少，而仔猪数多于乳头数时，为了让仔猪吃到初乳，可将窝中体重大较强壮的仔猪暂时取出4小时，以留出乳头给寄养的仔猪使其获得足够的初乳，这种做法可持续2～3天。

猪的嗅觉特别灵敏，只要有陌生仔猪进来，母猪可凭嗅觉立即判断出来，不但拒绝吸乳，还会粗暴地将其咬伤甚至踩死。为防止母猪咬伤寄养仔猪，在寄养前用母猪胎衣、乳汁、黏液或尿液涂抹在仔猪身上，与其亲生仔猪饲养一段时间后再让其吃奶，或者在母猪鼻子与仔猪身上擦些黄酒使其无法区别。也可在圈内喷洒酒精，用酒精气味遮掩母猪产床内的气味，使母猪失去判断能力而接受。

当寄养条件不具备时，可用人工乳哺育。人工乳的配方为：奶粉250克，鸡蛋1个，葡萄糖粉50克，复合维生素20毫克，复合微量元素80毫克，加水1升。

### （三）保温防压

保温防压是加强哺乳仔猪饲养管理、提高其成活率的主要措施。在生产中，仔猪生后5天内死亡率最高，占哺乳期死亡总数的58%以上，而其中又以冻死和压死的居多。其主要原因是初生仔猪抗寒力差，在环境温度不能达到初生仔猪的要求时，则会使仔猪遭受冻害，或由于仔猪感觉寒冷、嗜睡、行动不便，常常往母猪腹部钻，因母猪产后疲倦体虚、行动迟缓容易导致仔猪被压死。哺乳仔猪产后适宜的环境温度为：1～3日为30℃～34℃，4～7日为28℃～30℃，8～30日为22℃～25℃，31～45日为20℃～22℃。生产中，因一窝仔猪较多，群居性的生活，使得其实际需要的温度可略低一些。

**1. 保温** 保温是防压的前提，也是提高仔猪代谢率的有效办法。新生仔猪对于寒冷的环境和低血糖极其敏感，尽管仔猪有利用血糖储备应付寒冷的能力，但由于初生仔猪体内的能源储备有限，调节体温的生理机制还不完善，这种能源利用和体温调节都是很有限的；初生仔猪皮下脂肪少，保温性差，体内的糖原和脂肪储备一般在 24 小时之内就要消耗殆尽。在低温环境中，仔猪要依靠提高代谢效率和增加颤栗来维持体温，这更加快了糖原储备的消耗，最终导致体温降低，出现低血糖症。当仔猪体温 39℃时，在适宜环境温度下，仔猪可以通过增加分解代谢产热，并收缩肢体和呼吸道以减少散热。当环境温度低于 30℃时，新生仔猪受到寒冷侵袭，必须依靠动员糖原和脂肪储备来维持体温。寒冷环境有碍于体温平衡的建立，并可引发低温症。在 17℃的产仔舍内，高达 72%的仔猪体温会低于 37℃，仔猪的活动便会受影响，哺乳活动变缓变弱，导致初乳摄入量下降，体内免疫抗体水平则低于正常摄入初乳量的仔猪。因此，初生仔猪保温具有关键性意义。

母猪与仔猪对于环境温度的要求不同。成年母猪的适宜温度为在 15℃～19℃。新生仔猪体重小且有较大的表面积与体重比，出生后体温下降比较快，适宜环境温度在 30℃～34℃，因而单独给仔猪创造温暖的环境是十分必要的。

保温的有效办法是采用全封闭猪舍内设置高床产仔栏，仔猪活动区使用塑料地板。在寒冷季节，可用电热板或电热毯等铺垫取暖，并要注意关门窗，堵塞缝隙，防止贼风侵袭。工厂化养猪生产中多采用高床产仔栏内配套仔猪保温箱，箱内悬吊红外线加热灯来保温。一个开启的 250 瓦的红外线灯悬挂在距仔猪睡卧处 50 厘米高处时，睡卧处温度即可达到

28℃～30℃；当悬挂垂直距离为60～70厘米高时，可达25℃左右。因此，可根据仔猪日龄调整红外线灯的高度来调节温度。在产仔栏内采用吊红外线灯取暖要比电热毯或电热板等铺垫式取暖对个体较小的仔猪更显优越性，因为可使相对较大的体表面积更易于采热。

其他的供热办法还有利用铺垫料、建暖墙、火炉、暖气、热风炉等供热措施，为仔猪提供较高的环境温度。①铺垫料，属传统保温方式，多在家庭养猪中使用。其办法是：第一天铺20厘米厚的垫草，第二天再添加10～20厘米垫草，使垫草厚度达30～40厘米，外侧钉上40厘米高的挡草板，防止垫草四散，挡草板一侧靠墙处钉15～25厘米宽、1.2～1.5米长的斜坡板。在舍温10℃～15℃时，垫草的温度可达21℃以上。许多养猪者说"厚垫草，就是好，既省工，又省草(垫草)，既保温，又防潮"。采用此法时，要注意经常翻晒垫草，添加干燥新鲜垫草，保持栏内干燥。②烘火，属传统保温方法，有烟道和炭炉两种。烟道又有地上烟道和地下烟道两种。在用煤炭等燃料供温时，不论采用哪种供温方式，除要防止火灾外，还应防煤气中毒。③暖气与热风炉供暖是大型养猪场常用的母猪产仔舍加温设备。使用暖气投资较大，使用方便。热风炉供暖投资小，同时有换气效果，有利于调节冬季密闭猪舍的空气，改善环境条件，近年来在新建猪场使用较多。

北京市畜牧机械厂根据北方气候特点，研制了一种远红外加热的仔猪保温箱，发热元件采用远红外加垫板，配有控温仪调节控制箱内温度。远红外板的热量由铅反射罩从上反射到仔猪身上。保温箱大小为长100厘米、高60厘米、宽50～60厘米，控温发热元件及照明灯平放在箱盖上。为便于消毒清洗箱盖可拿开，箱体材料为防水刨花板，电热功率为400

瓦，实测在室温15℃，室外10℃，保温箱外12℃时，控制箱内温度为30℃时，日耗电量为5度。

**2. 防压** 防压的最好措施是使用扣栏产床设备或在母猪身体两侧设限位架，可有效防止仔猪被压伤、压死。简易护仔防压架用直径8～10厘米的圆木或4厘米的钢管建成，间隔20～25厘米，安装在母猪床距墙40～60厘米的三面。条件较好的猪场可在母猪栏一侧建长1.0米、宽0.5米、高0.6米的仔猪保温室或护仔保温箱，下方设仔猪出入口(0.2米×0.2米)，上方置加热器。

### (四)强化营养

随着仔猪日龄的增加，其体重及营养需要量都在快速增加，而母猪的泌乳量从生后3～4天开始直线上升，在20天左右达到泌乳高峰后又逐渐下降，解决营养需求量与供给量矛盾的惟一办法是及早补料，否则会阻碍仔猪的生长发育，甚至形成僵猪。提早补料还能使仔猪的胃早期受到谷物饲料的刺激，促进各种消化器官尤其是胃肠的发育，所以补饲不仅是补充营养的需要，而且是促进发育和提高健康水平的需要。一般仔猪在7日龄开始诱食、开食、补料，仔猪料要求适口性好、营养浓度高、易消化、具有保健性，一般赖氨酸含量为1.20%～1.50%，粗蛋白含量为18%～22%。断奶前日喂5～6次，或采用自动跌落饲槽让仔猪自由采食，以满足仔猪的营养需要。

**1. 补充铁硒** 铁是形成血红素和肌红蛋白所必需的微量元素，它也是细胞色素酶类和多种氧化酶的成分。仔猪缺铁时，血红蛋白不能正常生成，从而导致营养性贫血症。母乳能够保证供给1周龄仔猪全面而理想的营养，只有微量元素铁含量是绝对不够的。初生仔猪体内铁的贮存量很少，每1千克体重约为35毫克，仔猪每天生长需要铁7毫克，而母乳中提供的铁只是仔猪需要量的1/10，若不给仔猪补铁，仔猪体内储备的铁很快会消耗殆尽。给母猪饲料中补铁不能增加母乳中铁的含量，只能少量增加肝中铁的储备。哺乳仔猪生长速度快，血液量增加迅速，需铁量大，水泥地板或高床饲养仔猪很容易发生缺铁性贫血。圈养仔猪的快速生长，增加了猪对铁需要量。缺铁会造成仔猪对疾病的抵抗力减弱，患病仔猪增多，死亡率提高，生长受阻，出现营养性贫血症状等。补铁的方法很多，目前最有效的方法是给仔猪肌内注射铁制剂，如硫酸亚铁针剂、右旋糖酐铁注射液、牲血素等，一般在仔猪3～4日龄在颈部注射硒铁制剂或铁钴制剂，7日龄再注射一次（加倍），以防贫血导致仔猪死亡或引起其他疾病。

在严重缺硒地区，仔猪可能发生缺硒性下痢、肝坏死和白肌病，宜于生后3日内注射0.1%的亚硒酸钠、维生素E合剂每头0.5毫升，10日龄注射第二次。

**2. 开食补料** 一定要提早给仔猪开食、补料，因仔猪从吸食母乳到采食饲料要有一个适应过程，大约需要7天左右。应在仔猪生后7～8天开始诱食，引诱仔猪开始吃饲料，10～15天正常采食饲料。

仔猪诱食料要适合仔猪的口味，有利于仔猪的消化，最好是颗粒料。猪场设备较好的分娩舍，仔猪生后5～7天即可开食，这时仔猪可以单独活动，并有啃咬硬物拱掘地面的习性，利用这些行为有助于补料。在生产中给仔猪补料，常采用自由采食方式，即将特制的诱食料投放在补料槽里，让仔猪自由采食。为了让仔猪尽快吃料，开始几天人工将仔猪赶入补料槽旁边，上下午各一次，效果更好。在饲喂方法上要利用仔猪抢食的习性和爱吃新料的特点，每次投料要少，每天可多次投料。开食第一周仔猪采食很少，因母乳基本上可以满足需要，投料的目的是训练仔猪习惯采食饲料。

在生产实践中，诱食方法有以下几种：①饲喂甜食。仔猪喜食甜食，对7～10日龄的仔猪诱食时，应选择香甜、清脆、适口性好的饲料。如带甜味的南瓜、胡萝卜切成小块，或将炒熟的麦粒、谷粒、豌豆、玉米、黄豆、高粱等喷上糖水或糖精水，并裹上一层配合饲料，拌上少许青料，于上午9时至下午3点，放在仔猪经常游玩的地方，任其自由采食。②强制诱食。母猪泌乳量高时，仔猪恋乳而不愿提早吃料，必须采取强制性措施。应将配合饲料加糖水调制成糊状，涂抹于仔猪嘴唇上，让其舔食。仔猪经过2～3天强制诱食后，便会自行吃料。③以大带小。仔猪有模仿和争食的习性。可以将已学会吃食的仔猪和还没有学会吃料的仔猪放在一起吃料，利用仔猪模仿和争食的习性，就能很快地引诱仔猪吃食。④母仔分开。诱食期间，将母猪和仔猪分开，让仔猪先吃料后吃奶。每次间隔时间一般为1～2小时。⑤铁片上喂料。把给仔猪诱食的饲料撒在铁片上，或放在金属的浅盘内，利用仔猪喜欢舔食金属的习性，达到诱食的目的。⑥少喂勤添。仔猪具有“料少则抢，料多则厌”的特性，所以诱食的饲料要少喂勤添，促进仔猪吃料而不浪费饲料。

在补饲饲料的同时应注意水的补充。水是猪所需要的主要养分之一，缺水会导致食欲下降，消化作用减弱，损害仔猪健康。由于仔猪代谢旺盛，需水分较多，5～8周龄仔猪需水量为其体重的1/5。同时，母乳中含脂率高，可达7%～11%，仔猪常感口渴，因此需水量较大。若不及时补水，仔猪便会饮用圈内不清洁的水或尿液而发生下痢。因此，在仔猪3～5日龄起，就应在补料间设置饮水槽，保证清洁饮水的供给，最好是在仔猪补料栏内安装仔猪专用的自动饮水器。提早补充饮水，不仅能帮助仔猪消化，防止下痢，而且还能使仔猪精神活泼，皮毛光亮。

### （五）防病驱虫

猪与被污染粪便的圈舍接触和开食之后，大量的体内外寄生虫、微生物随饲料进入体内或寄生体表，消耗猪的营养，使猪表现生长缓慢，甚至使仔猪成为只吃不长的僵猪。仔猪适宜的驱虫方案是在 20 日龄及断奶后 5 天左右两次进行。常用驱虫药物及使用方法有：伊维菌素或阿维菌素拌料，每千克体重每日 100 微克，连用 7 天，或颈部皮下注射 0.3 毫克/千克；内服左旋咪唑 8 毫克/千克体重、丙硫苯咪唑 100 毫克/千克体重；敌百虫用 2%水溶液灌服，每千克体重 0.10～0.12 克（总量不可超过 7.0 克），也可拌入饲料中喂服，能驱除猪体内线虫。1%敌百虫水溶液或 5 克/千克溴氰菊酯喷洒，10 天后再喷一次，可防治体外寄生虫，如疥螨感染等。治疗疥螨的特效方法是用 2%的废机油敌百虫涂布全身。用药后 3 天内应彻底清洁环境，粪便集中进行发酵无害处理。

预防仔猪下痢是养育哺乳仔猪的关键技术。腹泻是哺乳仔猪最常发生的疾病，是影响仔猪生长发育的最重要因素之一，也是导致哺乳仔猪死亡的最常见病症。由传染性病原体引起的下痢病有伪狂犬病、大肠杆菌病（黄痢、白痢）、传染性胃肠炎、流行性腹泻、猪轮状病毒感染、梭菌性肠炎（红痢）、猪痢疾、仔猪副伤寒、球虫病、猪瘟等；引起下痢的非疾病因素有低血糖、环境温度过低、开食料蛋白过高或蛋白品质低下、母猪无乳症、母猪乳房炎、母猪产褥热、黄曲霉素中毒、母猪料中含杂粕过多或杂粕质量不佳、母猪酒糟中毒等。

在生产实践中,下面的情况易发生仔猪腹泻:①初产母猪所产仔窝内常发生腹泻,原因是初产母猪体内缺乏某种特定的抗体;②当母猪生病或消化系统紊乱,母猪泌乳不足时,仔猪易发生下痢;③窝产仔数较多,发生的几率增加,这可能是由于仔猪得不到或缺乏从母乳中获得抗体的机会;④分娩栏内卫生状况较差,仔猪发病及死亡率提高;⑤分娩舍内寒冷使仔猪抵抗力减弱,特别是弱小的仔猪发病率更高;⑥感染其他疾病,如呼吸系统疾病,复合性炎症等均会与腹泻共同作用引起仔猪死亡率提高。

预防哺乳仔猪腹泻必须采取综合措施:①提高青年母猪的免疫力,使仔猪从初乳中获得足够的抗体;②通过寄养仔猪,平衡每窝哺乳仔猪数;③注意保温,防止湿冷与空气污浊;④提高母猪的泌乳量;⑤严格施行全进全出制度,保持良好卫生环境;⑥饲料中添加抗菌类药物与提高免疫、促进消化的添加剂。疫苗免疫注射对于防止仔猪肠道病原菌感染也有一定效果,但在不同猪场间的差别较大。

### (六)公仔猪去势

切除睾丸可断绝性欲、促进肥育。肥育用公仔猪需要去势,一般在 7 日龄或断奶前两周或断奶后两周进行,不能与断奶同时进行。去势时要求猪体况良好,选择天气无风的上午进行,术前停食。公猪阴囊位于肛门下方,紧贴会阴部,表面有皱褶。睾丸在前下方倾斜放置,表面有一条阴囊缝隙,附睾位于睾丸前下方。去势时,使小猪左侧卧地,背对术者,术者左脚踩住猪的颈部,右脚踩住尾根,同时用左手腕按压在猪的右侧大腿的后部,使后腿向上前抬起;对刀具、术部分别用蘸有 75％的酒精棉球与 5％的碘酒棉球消毒；用左手中指的背面顶住睾丸，拇指和食指捏在阴囊基部，将睾丸挤向阴囊底，使之不易活动与缩回，并使阴囊壁绷紧。术者右手持刀，在右侧睾丸最突出部位的阴囊上开一与阴囊缝相平行的切口，切口大小以能挤出睾丸为度，一次切透阴囊壁与总鞘膜，挤出一侧睾丸，扯断白筋，用右手向外牵引睾丸，剥离副睾后将精索用指甲钝性切断。通过右侧阴囊切口在阴囊纵隔上做一切口，挤出左侧睾丸、切断精索。术后，在切口处涂上 5％碘酒，洒上消炎粉，将包皮囊中液体挤出，提起后腿将仔猪倒提并稍加抖动即可放猪。

## 四、搞好仔猪科学断奶

哺乳仔猪断奶后进入断奶仔猪阶段，人们习惯上也称其为培育仔猪、保育仔猪。断奶是仔猪出生后遭受的第二次大的应激，其营养来源由全部或部分依赖液状的母乳变为全部依赖固态的饲料；生活环境由依靠母猪到独立生存，使仔猪生理与精神上受到严重打击，若饲养管理不当，会引起仔猪烦躁不安、食欲不振、生长发育停滞，形成僵猪，甚至患病或死亡。

实行仔猪早期断奶是现代化养猪的关键技术之一。早期断奶是一个历史性的概念，一般指 28～35 日龄的断奶，是相对于过去 45～60 日龄间的断奶而言的，早于 25 日龄的断奶一般称为超早期断奶。仔猪哺乳期越短，仔猪越不成熟，免疫系统越不完善，对营养和环境条件要求越苛刻。早期断奶的仔猪需要高度专业化的饲料和培育设施，需要高水平的管理人员和高素质的饲养队伍。在适宜的条件下合理使用早期断奶可以起到提高繁殖猪群与设备的利用率，增加养猪效益。

当前我国许多猪场实行 28～35 日龄断奶，取得了良好的经济效益，但在许多技术、环境条件较差的猪场仍存在断奶仔猪生长缓慢、经济效益低下等问题。

### （一）确定最佳断奶时间

确定仔猪断奶的具体时间要考虑以下因素：①仔猪保育舍的设备条件与环境控制能力；②仔猪断奶后的饲养技术与猪场管理水平；③仔猪通过采食获取营养的能力，一般要求体重在 5 千克以上、日采食量达 1 千克；④猪群健康状况与疾病净化的要求，净化不同疾病对仔猪断奶日龄的要求不同（表 4-5）；⑤仔猪的培养去向，一般选留作种用的仔猪断奶时间要适当推迟；⑥肉猪市场状况，肉猪市场疲软时延长母猪的哺乳时间可降低仔猪培育费用；⑦母猪的繁殖生理，母猪产后子宫复原一般需要 20 天，在子宫复原前配种会影响胚胎发育与产仔数，而母猪的泌乳高峰在 21 天左右。因此，一般认为经济哺乳期为 25～35 天。

**表 4-5　消除不同传染病原的最迟断奶日龄和用药及注苗要求**

（据 DL Harris 和 TJL Alexander，1999）

| 净化的病原 | 要求断奶日龄（天） | 需配套的措施 | | | |
|---|---|---|---|---|---|
| | | 用药 | | 免疫 | |
| | | 母猪 | 仔猪 | 母猪 | 仔猪 |
| 猪副嗜血杆菌 | 10 | － | ＋[a] | ＋ | － |
| 支气管败血性波氏杆菌 | 10 | － | ＋[a] | ＋ | － |
| 多杀性巴氏杆菌 | 8～10 | － | ＋[a] | ＋ | － |
| 胸膜肺炎放线杆菌 | 21～28 | － | ＋ | ＋ | － |
| 猪肺炎支原体 | 20 | － | ＋[a] | ＋ | － |

**续表 4-5**

| 净化的病原 | 要求断奶日龄（天） | 需配套的措施 | | | |
|---|---|---|---|---|---|
| | | 用药 | | 免疫 | |
| | | 母猪 | 仔猪 | 母猪 | 仔猪 |
| 沙门氏菌 | 14～16 | | | | |
| 螺旋体 | 14～16 | — | +[a] | + | — |
| 伪狂犬病毒 | 20 | — | — | + | — |
| 猪流感病毒 | 20 | — | — | +[b] | — |
| 繁殖与呼吸综合征病毒 | 14～16 | — | — | +[b] | — |
| 传染性胃肠炎病毒 | 20 | — | — | +[b] | — |

注：—表明不需用药或免疫；+[a] 表明需要用药或免疫，a：确实需要用药尤其当断奶日龄加大时，b：无需免疫。

实行仔猪早期断奶会增加饲养成本，在一定程度上会抵消母猪增产的利润。仔猪断奶时间越早，早于 21 天时，母猪断奶至受孕的时间间隔会拖长，下一次的受胎率和产仔数都会降低，给母猪生产带来不良影响。确定仔猪适宜的断奶日龄应根据猪场的生产条件，综合分析仔猪的饲养费用与母猪的生产力，使每头仔猪的生产成本最低。目前，我国规模化猪场一般都具备了 28～35 日龄间断奶的环境、技术条件；条件差的猪场可采用 35 日龄断奶。在条件成熟的猪场，根据疾病净化需要，可适度使用 15～25 日龄的超早期断奶。

工厂化、集约化经营的猪场在星期四断奶，可使母猪发情、配种的时间避开星期六与星期日的公休日，使发情配种的时间调整在星期二、星期三。

### （二）断奶方法

根据仔猪断奶时离乳的方法不同，习惯上将仔猪的断奶方法分为果断断奶法、逐步断奶法与分批断奶法三种。

果断断奶法又叫一次性断奶法，指在断奶的当天一次性地将母仔分离，赶走母猪、留下仔猪的断奶方法。逐步断奶法又叫过渡断奶法，指在断奶前 4～6 天开始控制哺乳次数，第一天让仔猪哺乳 4～5 次，以后逐渐减少哺乳次数，使母猪和仔猪都有一个适应过程，在断奶日把母猪隔离出去。分批断奶法是在母猪断奶前数日先从窝中取走一部分个体大的仔猪，剩下个体小的仔猪再哺乳数日，以便使仔猪获得更多的母乳，增加断奶体重，提高断奶时的体质。一般在断奶前 4 天左右取走窝中的一半仔猪，留下弱小仔猪继续哺乳，以维持对母猪的吮乳刺激。

果断断奶法管理简单，劳动强度小，由于断奶突然，容易因为食物与环境的突然改变而引发仔猪消化不良，母猪乳房胀痛，烦躁不安，或发生乳房炎。

采用逐步断奶法与分批断奶法可以提高断奶仔猪采食饲料的能力，降低断奶对仔猪及母猪产生的刺激，可预防母猪断奶后乳房炎的发生。

为了进一步降低断奶对仔猪产生的不良影响，在利用果断断奶法时采用把赶母留仔的“两维持”限料饲养法，既原圈饲养、原料采食，限量使用，1 周后再转到保育舍。在新近建设的规模化猪场，采用了活动限位架的高床产仔栏，使仔猪哺乳与培育同在一个猪栏，减少了仔猪的转群，降低了断奶、环境的应激，取得了较好的生产效果。

断奶仔猪在断奶后的一周内一定要配套限量饲喂与提高环境温度。断奶后第一周内控制饲喂量，改自由采食为限食，少食多餐，加喂夜餐，3 天后逐渐增加饲喂量，1 周后过渡到自由采食，以防仔猪断奶后食量过大、消化不良，发生消化性胃肠炎。断奶适应期圈舍温度适当提高2℃～4℃，防止贼风偷袭；湿度控制在60%～80%之间。5天后，逐渐更换饲料、调整环境与饲养制度，根据体重、窝别分群。

### （三）隔离式早期断奶

隔离式早期断奶法（Segregated early weaning，简写SEW）是美国养猪界在1993年开始试行的一种新的断奶仔猪饲养技术，其具体做法是：仔猪出生后保证吃好初乳，按常规免疫程序进行疫苗预防接种后，根据猪场本身需要净化的疾病，在10～21天断奶，然后把仔猪饲养到与哺乳舍有一定距离的、隔离条件较好的保育舍。断奶仔猪舍与母猪舍及生产猪舍距离在250米到10千米不等。

由于断奶仔猪本身健康无病，不受病原体的干扰，免疫系统没有激活，从而减少了抗病的消耗，加上科学配制的仔猪饲料，仔猪生长很快，到10周龄时体重可达30～35千克，比常规饲养的仔猪提高增重10千克左右。常规饲养与SEW饲养猪的生长效果的比较见表4-6。

**表4-6 常规饲养与SEW饲养断奶仔猪生长效果的比较**

（Walker and Wiseman，1994）

| 项 目 | 阉 猪 | | 幼母猪 | |
|---|---|---|---|---|
| | 常规饲养 | SEW | 常规饲养 | SEW |
| 仔猪阶段 | | | | |
| 初生重（千克） | 1.56 | 1.50 | 1.54 | 1.52 |
| 10日龄重（千克） | 3.19 | 2.89 | 3.17 | 3.10 |
| 4周重（千克） | 7.24 | 7.67 | 7.45 | 8.08 |
| 5周重（千克） | 8.88 | 10.73 | 8.89 | 10.90 |

续表 4-6

| 项　目 | 阉　猪 | | 幼母猪 | |
|---|---|---|---|---|
| | 常规饲养 | SEW | 常规饲养 | SEW |
| 6 周重(千克) | 11.67 | 13.38 | 11.67 | 13.50 |
| 7 周重(千克) | 14.69 | 17.60 | 14.76 | 17.79 |
| 平均日增重(克) | 277 | 331 | 272 | 336 |
| 生长肥育达 | | | | |
| 105 千克日龄 | 152.6 | 148.55 | 160.35 | 155.10 |
| 饲料报酬 | 2.96 | 2.92 | 2.87 | 2.96 |
| 背膘厚(毫米) | 22.86 | 25.65 | 20.83 | 22.61 |

杨公社主编,2002,《猪生产学》

**1. 隔离式早期断奶的技术要求**　实施 SEW 技术必须配套相应的技术手段和饲养设施,主要包括:①母猪的科学免疫。母猪在妊娠期免疫后,对一些特定的疾病产生的抗体可以垂直传给胎儿,仔猪在胎儿期间就获得一定程度的免疫。②初乳的采食。初生仔猪必须吃好初乳,从初乳中获得必要的抗体。③哺乳仔猪的免疫。仔猪按常规免疫,产生并增强自身免疫能力。④良好的断奶仔猪饲养设施。仔猪 22 日龄以前,即特定疾病的抗体在仔猪体内消失以前,就将断奶仔猪转移到清净、具备良好隔离条件的保育舍饲养。⑤全进全出制度。保育舍要实行严格的全进全出制度。⑥优质的仔猪饲料。配制早期断奶仔猪饲粮,要保证饲料有良好的适口性、消化吸收性和全面均衡的营养。

**2. 隔离式早期断奶的效果和原因**　SEW 法在美国获得成功并取得良好效益,其主要原因是:①随着猪营养科学研究的发展,人们对仔猪消化生理与仔猪饲料配制技术有了比较清楚的认识，仔猪10日龄以后所需要的饲料已经得到了很好的解决，仔猪能够很好地消化吸收饲粮中的营养物质，保证了仔猪快速生长的需要。②母猪在妊娠期进行了有效的免疫，母体对一些疾病产生的免疫功能，通过初乳传递给仔猪，加上仔猪本身的免疫能力，到21日龄前，仔猪从母体获得的免疫力还没有完全消失，就从产仔舍移出，进入隔离条件良好的仔猪保育舍饲养，使仔猪具有良好的抗病力。另外，仔猪舍的隔离条件要求严格，减少了疾病对仔猪的干扰，从而也保证了仔猪的快速生长。③隔离式早期断奶对仔猪产生的应激比常规方法要小。仔猪在常规28日龄断奶后，大多会出现7～10天的断奶后生长停滞期，尽管在以后生长中有的可以通过补偿性生长得到恢复，但终究有一定影响。SEW法由于饲料好、环境条件适宜、精心饲养管理，对断奶仔猪造成的断奶应激基本上没有或很少。

**3. 隔离式早期断奶仔猪的饲养要求**

**（1）饲料的配制原则** 仔猪饲料要求较高，一般分为三个阶段配制混合料。第一阶段为诱食料，用于开食和断奶后1周；第二阶段断奶仔猪料，用于断奶后2～3周；第三阶段过渡料，用于断奶后4～6周。第一阶段饲料的粗蛋白质为20%～22%，赖氨酸1.38%，消化能3.40兆焦/千克；第二阶段粗蛋白质20%，赖氨酸1.35%，消化能3.2兆焦/千克；第三阶段粗蛋白质与第二阶段相同，消化能为3.0兆焦/千克。三个阶段饲粮的主要差异是使用的蛋白质原料不同、是否使用乳清粉及用量、消化能含量。美国学者建议，第一阶段必须用血球蛋白粉、血浆蛋白粉和乳清粉，第二阶段不需血球蛋白粉，第三阶段只需乳清粉。

**（2）饲养原则** 断奶仔猪必须采用全进全出的饲养方式，

每间培育舍养100头仔猪左右，保证环境适宜、通风良好。保育舍隔离条件及防疫消毒条件一定要良好，仔猪在运输途中，运输车也要有隔离条件。饲料是用优质原料按科学方法配制、加工的颗粒料。

## 五、加强断奶仔猪的饲养管理

从改善断奶仔猪饲料质量、饲养条件、饲养技术着手，确实落实好“两维持三过渡”，才能真正实现通过仔猪早期断奶提高猪场综合经济效益的目的。

### （一）落实好“两维持三过渡”

“两维持三过渡”指维持原圈饲养、维持原料使用，搞好环境条件过渡、饲料过渡和饲养方式的过渡。在断奶仔猪阶段要完成诱食料与仔猪料、断奶适应期的过渡。

**1. 过渡期的饲养** 仔猪断奶后要继续使用仔猪哺乳期的诱食料，不能立即更换饲料，特别是实行早期断奶的仔猪，一般要在断奶7天后再用7天左右的时间更换饲料。实行35天以上断奶的仔猪，可以在断奶前7天换料。更换仔猪饲料要逐渐进行，每天替换15%～20%，5～7天换完，避免突然换料。断奶后仔猪由母乳加补料改为独立吃料生活，加上环境、心理等的应激，胃肠处于应激状态，很容易发生消化不良，引起仔猪下痢。断奶仔猪的饲养必须十分精心和有耐心。在断奶前2～3天要适当控制给料量，不要让仔猪吃得过饱。断奶后，每日增加投料次数，根据仔猪的表现确定饲喂量，防止因消化不良产生下痢，保证饮水充足、清洁，保持圈舍干燥、卫生。

饲料形态的改变，也容易造成仔猪下痢或生长停滞。断奶仔猪的日粮以颗粒料为好，饲喂颗粒料可以减少饲喂时的浪费，改善饲料效率。利用自动饲槽时要注意不应装得过多，应每天向饲槽中加入新鲜饲料，使其吃得好，但不太饱。断奶仔猪可以有效地采用乳头状饮水器，如果仔猪在产房中没有学会，就需要经过几天的适应期才会饮到足够的水，饲养员必须仔细观察，以确保仔猪能饮到充足的清洁水。仔猪如果饮水不足，采食就会下降。此外，要注意鸭嘴式饮水器的出水率，断奶仔猪要求最低的出水率为每分钟 1.5 升。

**2. 环境条件的过渡** 断奶时把母猪从产仔栏赶走，仔猪留原栏饲养，不要在断奶的同时对仔猪换圈、分群，增加断奶仔猪的应激。目前的做法是：①革新饲养设备，将高床产仔栏与断奶仔猪培育栏合二为一。②缩小母猪产仔舍与断奶仔猪培育舍的饲养规模，改善断奶仔猪的饲养环境条件。提高断奶后仔猪的圈舍温度 2℃～4℃，控制在温度 22℃～25℃、湿度 65%～75%范围内。③单独设立产仔舍与培育舍的猪场，断奶与分群要在不同的时间进行。④适宜的断奶仔猪饲养密度。断奶仔猪保育栏的规格通常是 240 厘米×160 厘米，每头断奶仔猪的适宜占栏面积为 0.3～0.4 平方米。⑤保留按窝转群的方法，适应一段时间后再进行分群。断奶时每栏养一窝仔猪 10～12 头，可以减少仔猪相互咬斗的应激。

**3. 搞好“三定”调教，确保圈舍卫生** “三定”指饮水采食、排粪尿、躺卧的定点，搞好断奶仔猪转群后的“三定”调教管理，是断奶仔猪“两维持三过渡”饲养阶段的一项重要管理工作，这样既便于清扫、保持栏内卫生，又可以降低饲料污染、减少疾病发生。猪非常喜好清洁卫生，具有固定的睡卧、排泄和采食习惯。仔猪保育栏内可分为睡卧区、排泄区和采食区。

调教时排泄区内的粪便隔日清扫，或将其他区的粪便堆积在排泄区，诱导仔猪到指定排泄区排便，当仔猪活动时，对不到指定地点排便的仔猪人为哄赶，一般经过 3～5 天的训练可形成定位。

### （二）避免仔猪早期断奶综合征的发生

早期断奶仔猪常表现出惊恐不安、食欲差、采食量低、消化不良、下痢、生长缓慢、饲料利用率下降，继而导致免疫力降低、抗病力下降，精神状态与被毛表现不佳，发病率和死亡率增高等，人们通常把这些症状称为仔猪早期断奶综合征。仔猪早期断奶综合征的发生原因为生理失调。应激性使仔猪生理对逆境的反馈失调。其一，出现免疫抑制。早期断奶仔猪表现出显著的免疫抑制，循环抗体水平降低，抑制细胞免疫能力，以及外界活性抗原蛋白引起异常免疫应答（抗原过敏反应）。其二，出现代谢紊乱。消化酶谱前后差异很大，消化酶活性增强趋势倒退，加上仔猪早期断奶胃内 pH 值过高，影响仔猪对饲料尤其是蛋白质的消化。由此可见，要降低仔猪早期断奶造成的不良影响，促进早期断奶仔猪的生长，减少或避免仔猪早期断奶综合征的发生必须解决好环境、生理、营养、饲料四大问题，从环境、营养、饲养、管理条件等方面搞好调控。

**1. 确定适宜的饲料营养水平**　适宜的饲料营养水平应根据断奶仔猪的消化吸收能力、原料的可消化性、配合饲料中营养素间的平衡性、环境温度、生长潜力等决定，不同的生产环境条件、不同的饲养品种、不同的生理环境、不同的原料组成及营养物质的平衡状况，都影响猪饲料的配合营养水平。也就是说，猪饲料营养水平的要求具有明显的特定性。目前仔猪饲料的营养水平大多是根据美国NRC(1998)的饲养标准配制的，尽管通过饲料使用的调整可以在一定程度上满足仔猪的生长需要，但离仔猪的实际需要还相差甚远，在这一点上，我们必须转变观念，加强研究，尽快改变这种做法，降低我国仔猪生产中的高死亡率。

**2. 选择适宜的饲料原料** 断奶前后仔猪消化功能尚不健全，免疫力低，且受断奶应激的影响。因此，选择原料应严格控制植物性蛋白饲料的用量，严禁使用劣质蛋白质原料，较多使用能增强仔猪免疫力、易消化吸收的蛋白和能量源，如血浆蛋白粉、血球蛋白粉、肠膜蛋白粉、优质鱼粉、乳清粉、酵母蛋白和乳糖等原料。研究表明，使用这些原料，加之以高营养浓度、高能量的科学配方，可以有效抑制腹泻，在断奶期使其保持较高生长速度，提高断奶仔猪的成活率。断奶1周后，仔猪渡过了最危险时期，但消化能力很有限，因而要缓慢过渡。仔猪6～7周龄以后，已渡过了困难时期，主动免疫力提高，消化功能增强，基本上可以适应玉米—豆粕型日粮，不需要使用昂贵的血制品和乳制品。

**2. 合理使用添加剂** 在早期断奶仔猪日粮中添加调味剂、酶制剂、酸化剂、益生素、抗生素、高铜、高锌等，可增进食欲，改善仔猪消化生理，增强抗病力，达到提高采食量与饲料消化率，降低断奶应激，提高仔猪健康水平，促进仔猪生长，获得良好经济效益的目的。

日粮中添加调味剂的主要目的是为了改善饲料的味道，提高采食量，刺激消化道的活动，促进唾液、胰液和胃液分泌。目前用于早期断奶仔猪的调味剂主要有甜香精、仔猪香、仔猪宝、鱼腥香等。调味剂一般用于断奶2～3周以内的仔猪，对促进早期断奶仔猪的生长极为有利。

酶制剂最先应用于早期断奶的仔猪，以弥补仔猪体内各种消化酶的缺乏，保证仔猪的正常消化吸收功能，促进生长。国产酶制剂（含有蛋白酶、淀粉酶、纤维素酶）添加量为0.1％。美国产品“八宝威”（含有淀粉酶、葡聚糖酶、支链淀粉酶、果胶酶、内蛋白酶、外蛋白酶、纤维素酶）添加量为0.08％。

早期断奶仔猪生长受阻的重要原因之一是胃内酸度低。因此，国外很早就在早期断奶仔猪日粮中添加有机酸，并收到良好的效果。因为添加有机酸，增加胃内酸度，提高胃蛋白酶的活性；有利于胃肠道内乳酸菌等有益菌的繁殖，在一定程度上抑制了大肠杆菌等有害菌的繁殖，保持肠道微生物平衡。近年来的研究发现，日粮中添加有机酸仅在断奶前后1～2周内效果较好，随着时间延长，效果愈来愈不显著，原因在于2月龄左右的猪已具备正常的分泌胃酸能力。目前国内外试验和实践应用的有机酸种类很多，但以富马酸和柠檬酸应用效果最好，已普遍采用，其次是乳酸和甲酸。添加1.5％～2％柠檬酸，再配合适量的碳酸氢钠饮水效果更好。

益生素微生态制剂，也称有益菌制剂，是将动物体内的有益微生物经过人工筛选培育，再经过现代生物工程工厂化生产，专门用于动物营养保健的活菌制剂。美国、欧洲、中南美洲、东南亚等地均在仔猪饲料中使用益生素，主要以乳酸杆菌、酵母、双岐杆菌、芽孢杆菌（枯草杆菌、地衣形芽孢杆菌、东洋杆菌）、曲霉菌等制成的生态制剂为主。益生素增加了肠道中有益微生物区系的数量，与致病性微生物发生竞争性生长，降低抗病菌的繁殖，减少猪的发病率。益生素还具有消除有毒物质和降低pH值，净化空气环境的功效。微生态制剂无毒、无残留、无抗药性，通过调整肠道有益微生物菌群，能克服抗生素的种种弊端，可提高增重速度和饲料利用率。在痢疾病多发的猪场使用微生态制剂有非常明显的效果。饲料中添加微生态制剂代替抗生素是21世纪生产“绿色”猪产品的大趋势。

饲料中按规定标准添加抗生素，能够增强抵抗疾病的能力，促进猪的生长发育。常用的抗生素有喹乙醇、土霉素、金霉素、黄霉素等，用量按国家规定标准。对氨基苯甲酸具有类似抗生素的功能，能促进蛋白质合成，改变肠道细胞代谢，抑制肠道中有害细菌生长，起生长促进剂和抗菌剂的作用，可明显提高日增重、减少腹泻、使肤色红润光亮。其商品有阿散酸、洛克沙生等，其用量为60～120毫克/千克。

高铜、高锌具有类抗生素的功能，但准确机制人们仍在探讨中，在仔猪饲料中应用非常普遍，高含量产品的碱式氯化铜和氧化锌开始在我国饲料中使用。饲料中高铜、高锌的大量使用，使许多未吸收的铜锌随粪便排除，局部环境中的铜锌显著提高，人们开始质疑对环境的污染。高铜还可以使仔猪的粪便变黑，因此，一时改变高铜在饲料中的应用还有一定的难度。事实上，高铜饲料的利用率是有一定的提高，但未必粪便不黑的饲料利用率就不高。

在仔猪饲料中添加有机微量元素具有较高的效价。目前已开始使用的有蛋白质螯合态锌、蛋白质螯合态锰或氨基酸锰、酵母硒、酵母铬或皮革蛋白粉等。

**3. 实施网上培育** 断奶仔猪实行网床培育是养猪发达国家20世纪70年代发展起来的一项科学的仔猪培育技术，目前已推广应用于养猪生产。从出生至60日龄的仔猪采用高床网上饲养比水泥地板饲养具有明显的优势，仔猪各项生长指标均差异显著(表4-7)。采用高床饲养技术可提高仔猪生长速度，降低了发病率及死亡率，降低生产成本，提高经济效益。主要原因在于仔猪粪尿可从网隙漏到排水沟，不必用水清洗栏舍，保持了网面的清洁和干燥，减少了仔猪接触污染的机会，降低了仔猪的发病率；节约了用水，减轻了饲养人员的劳动强度，提高了劳动效率，降低了成本；减少了热传导造成的体热损失，降低了饲料消耗。

**表 4-7　0～60 日龄仔猪不同饲养条件下的生长指标比较**

| 项　目 | 模式类型 | | |
|---|---|---|---|
| 产仔舍模式 | 水泥地板 | 高　床 | 高　床 |
| 保育舍模式 | 水泥地板 | 水泥地板 | 高　床 |
| 统计分娩窝数 | 3393 | 1769 | 3199 |
| 产活仔总数(头) | 30706 | 15319 | 29366 |
| 平均窝产活仔数(头) | 9.05±0.34 | 8.66±0.44 | 9.18±0.61 |
| 初生窝均重(千克) | 10.59±2.14 | 10.10±0.33 | 10.47±1.90 |
| 初生头均重(千克) | 1.18±0.22 | 1.16±1.96 | 1.15±0.20 |
| 28 日龄离乳总头数(头) | 28094 | 14294 | 28407 |
| 窝均离奶头数(头) | 8.28±0.35 | 8.08±0.48 | 8.88±0.59 |
| 离奶头均重(千克) | 5.15±0.28 | 5.97±0.82 | 6.04±0.27 |
| 0～28 天龄头均增重(千克) | 3.97±0.36 | 4.81±0.30 | 4.89±0.35 |
| 0～28 天龄成活率(%) | 91.49±1.83 | 93.31±2.95 | 96.73±1.52 |
| 60 日龄总头数(头) | 25825 | 13365 | 27755 |
| 60 日龄平均窝头数(头) | 7.59±0.41 | 8.08±0.48 | 8.66±0.62 |
| 60 日龄头均重(千克) | 14.44±0.42 | 14.97±0.82 | 16.35±0.52 |
| 培育仔猪死亡率(%) | 8.08±2.95 | 6.50±3.31 | 2.30±2.21 |
| 28～60 日龄头均增重(千克) | 9.29±0.55 | 9.00±0.75 | 10.31±0.55 |
| 0～60 日龄成活率(%) | 83.41±2.76 | 86.81±2.95 | 94.46±1.56 |
| 0～60 天头均增重(千克) | 13.26±0.54 | 13.81±0.81 | 15.20±0.55 |

### （三）搞好仔猪腹泻的预防与治疗

腹泻是早期仔猪断奶综合征的重要表现。断奶后仔猪腹泻发生率很高，危害较大，病愈后仔猪生长发育不良，日增重明显下降，因而造成很大的经济损失。其主要原因是仔猪断奶时受到的各种刺激太大太多，尤其是日粮形态的变化，由易消化的母乳转化为难消化的固体饲料，加上消化道中的消化酶发育不完善或活力不够强造成的。内在表现为：小肠绒毛受机械外力的损伤变短，小肠内壁腺窝加深，消化吸收表面积减少；消化酶分泌受阻，胃肠道内消化酶水平和吸收能力下降，引起食糜以腹泻形式排出。在饲喂技术上如开食过晚，断奶后采食饲料过多，突然变换饲料，仔猪采食母猪饲料，饲槽不洁净，槽内剩余饲料变质，水供给不足，只喂汤料，水槽污染严重，水温过低等因素都可能导致仔猪下痢。此外，细菌与病毒感染机会增多，如果腹泻不能及时控制，通常导致仔猪出现继发性病理拉稀、下痢，使腹泻加剧。

预防仔猪腹泻是一项系统工程，涉及仔猪的开食补料、环境调控、环境卫生、饲料选用与配制、生理调控、饲养方式、免疫保健措施等，有关这方面的知识在前面已做了比较详尽的阐述，在此不再重复。

发现仔猪粪便变稀不成形或出现水样拉稀时，要周全分析，找出原因，有针对性地采取措施，必要时做细菌培养与药敏试验，及时准确用药，防止恶性传染病的发生。

# 第五章　科学使用饲料

饲料是发展养猪业的物质基础，而且饲料的成本占养猪生产成本的70%左右，因而科学使用饲料至关重要。猪是杂食性动物，可利用的饲料种类繁多，这对配制饲料提供了很大的灵活性。同时，也使养猪户在饲料加工与利用方面产生了不少误区，影响了养猪的经济效益。

为了能给不同生理和生产阶段的猪配制营养物质平衡和经济合算的饲粮，必须熟悉各类饲料的营养特点、饲用特性和相对饲养价值，关注饲料卫生，合理利用原料，科学配制与利用配合饲料。依靠科学技术，提高养猪业的饲养效益。

## 一、饲料加工与利用的误区

饲料生产与利用的误区主要表现在对饲料的评价、加工、配制、饲喂等四个方面。

### （一）评价配合饲料的误区

当前在评价饲料优劣方面存在的误区主要表现在以下五个方面。

**1. 只认名牌饲料**　有的养猪户为了提高产出率，不论畜禽行情如何，一贯喜欢使用名牌饲料。绝大部分名牌饲料的质量虽然比较稳定，但因价格高，从而增加了成本。养猪户可以通过调查了解和实际使用效果，选择几家产品作对比，根据料重比的高低，选出质量较好、价格适中的饲料，以降低成本。

**2. 喜好用低价饲料**　一些养猪户为了降低成本，过多地使用低档低价饲料饲喂猪。低档低价格的饲料品质较差，肉猪的增重速度缓慢，增加了营养的维持消耗，因而导致饲料利用率低，成本增高，效益下降。低档低价饲料一般可用于饲喂妊娠前期的母猪，而且比例要适当、科学，不可乱用。

**3. 认为猪食后就睡的饲料就好**　猪吃料后就睡，可以减少猪的活动，促进生长。一些饲料厂家为迎合客户心理，在饲料中滥加镇静剂和催眠剂等药品，使猪采食后达到强制催眠效果。如果饲料营养满足不了猪的生长需要，无论饲料有怎样的催眠作用，即使猪的活动量小，消耗能量低，也不可能达到促生长的功效，相反镇静剂残留猪肉中还将危害人的健康。

**4. 认为鱼腥味浓的饲料是好料**　饲料中鱼粉量是按科学配比添加的，其添加量是不可能使人闻到鱼腥味的。有些饲料鱼腥味浓或香味大，是因为添加了香精等香味剂，而香味剂对提高饲料的利用率及畜禽采食量作用不大。有的不法饲料商，为了谋取暴利，利用鱼腥香添加剂制造假鱼粉。20 世纪 80 年代曾有人送来鱼粉样品要求检测，鱼腥味很浓，检测结果，蛋白质含量仅为 8%，分明是假鱼粉，因为鱼粉的蛋白质含量至少也应在 35%以上。因此，不应以鱼腥味浓度判断饲料的质量，主要应看饲养效果。

**5. 认为拉黑粪的饲料是好饲料**　一些养猪户认为猪采食后拉黑粪的饲料消化利用率高，才是好饲料。事实上，这种说法是非常片面的，不科学的。猪粪变黑是由于饲粮中过量添加的硫酸铜在肠道内被分解产生呈黑色的硫化铜、氧化铜所致，添加硫酸铜越多，猪粪就越黑。衡量饲料消化率的标志不在于粪的颜色而在于饲料饲喂后的转化率（即料重比）、粪便的形状。至于一些人认为农民喜欢猪拉黑色粪便并以此标准评价饲料产品质量，是饲料业某些从业人员或某些经销商在利益驱动下对养猪户的误导。

大量试验证明，适度高剂量的铜对猪具有增加采食量、抗病、促生长、改善饲料报酬的作用，国外在 19 世纪 50 年代就在猪饲料中添加高剂量的铜。于是，有些人在肉猪阶段饲料中铜的添加量逐年增加，按全价料计算，小猪阶段饲粮的含铜水平已高达 250 毫克/千克，中、大猪阶段铜水平也达到了 200 毫克/千克左右。不仅大大超过了国家规定的无公害生猪饲养饲料准则中规定的用量，而且在生产中时有高铜饲料中毒的现象发生。

猪高铜饲料中毒的主要表现为：腹泻，先下糊状稀痢，后呈水样泄泻，水样便呈黄绿或暗绿，且混有脱落的肠黏膜，精神不振，体温 38.9℃～39.5℃，被毛粗乱，皮肤发红，肛门红肿，周围被粪便污染，股、臀部有粟粒状出血斑。结膜苍白，食欲减退，心跳减弱，呼吸困难，张口喘气，喜卧嗜眠，肌肉无力，步态不稳，少尿或无尿，尿色棕红。后期精神高度沉郁，食欲废绝，心力衰竭，肌肉痉挛，体温降至 38℃以下，昏迷而死。剖检发现皮肤无弹性，眼球下陷，肝脏肿胀并呈赭黄色，脂肪变性、质脆，心肌纤维显著浑浊，胃底部、十二指肠前段覆盖有一层墨绿薄膜，胃黏膜见有出血、溃疡、坏死，十二指肠、空肠、回肠、结肠黏膜坏死脱落，肾肿大、皮质斑点状出血，脾肿大，肺水肿，血液稀薄，肌肉色淡。

### （二）加工配合饲料的误区

加工配合饲料的误区主要表现在不懂籽粒饲料的磨碎程度和饲料的搅拌时间的长短两个方面。

**1. 认为饲料磨得越细越好**　有很多养猪户买上浓缩料

自己加工配合玉米和麸皮时，生怕猪消化不良，把玉米磨得很细，却不知道这样反而会害了猪，因为太细的饲料往往会使猪患胃肠炎，影响猪对饲料的消化利用。所以，磨玉米时，最好选用筛孔较大的粗筛。

**2. 认为饲料搅拌时间越长越好** 对于这个问题，要看什么情况。如果是手工拌料，尤其是用1%～4%的预混料配制饲料时，搅拌时间长一些(或翻动次数多些)好；而用混料机组混料时，合适的混料时间就可将饲料搅拌混合得很均匀；如果搅拌混合的时间太长，搅拌机内饲料随着搅拌机叶片不停地旋转，离心作用会造成饲料成分的分离，因为饲料的不同成分比重不同。正确的搅拌时间为每批3～5分钟。

### (三)饲料配制的误区

饲料配制的误区主要表现在饲料中蛋白饲料用量比例和添加剂的用量比例两个方面。

**1. 认为蛋白质越高越好** 蛋白质在猪的生命活动和生产繁殖过程中，起着极其重要的作用，但也不是越多越好。有些养猪户片面地认为蛋白饲料多多益善。所以在配制饲料时，总想多配一些蛋白饲料，尤其是所利用蛋白饲料价格较低的情况下(比如有充足的豆腐渣)。当然，在一定范围内提高蛋白饲料配比，猪的生产性能可明显提高，而超过范围反而会降低猪的生产性能。比如，生长猪饲料中的蛋白质含量从12%逐步提高到18%，日增重有显著提高趋势；若在18%以上继续提高蛋白质含量，则日增重不再提高，而胴体品质有所改善。如果长期使用高蛋白饲料，则会损害肝脏、肾脏。此外，饲料中的能量和蛋白质应具有一定比例，比例不当，会降低饲料效率。因此，应按饲养标准并参考有关专家提供的饲料配方进行配制。

此外，沉积蛋白质等物质的同时必须有足够的能量水平作为代谢动力源，否则，大量的蛋白质就会随粪便排出体外，并且增加了肠道微生物对蛋白质的分解速度，致使圈舍空气中的氨浓度提高，环境污染加剧。不但浪费了蛋白资源，增加了成本，而且污染了环境，提高了死亡率。

我国传统的饲料配制常较多地利用菜籽粕、棉籽粕等蛋白类原料，容易出现能量短缺现象。因此，需要添加脂肪类补充能量。

**2. 随意加大添加剂用量** 有的养猪户随意加大添加剂的用量，不仅没有促进生长，却加大了成本，甚至影响了猪肉品质。因为过多地添加营养类添加剂反而会使营养失去平衡，降低饲养效果；过多地添加抗生素类添加剂会导致猪中毒，还会残留在畜产品中，有害于消费者的健康；过多地添加激素类添加剂也威胁消费者的健康(如某地为了促进肉猪生长，获得更高的胴体瘦肉率而大量使用瘦肉精造成数十人死亡)。因此，对添加剂的利用一定要慎重，不可随意加大用量。

**3. 把全价饲料当作精料** 有些养猪户把全价饲料当作精料使用，随意搭配糠麸等原料以降低成本，实际上造成了营养不均衡，达不到预期效果。

**4. 饲料混合不均匀** 在预混料的使用中，有些养猪户为了省事，按剂量将添加剂或浓缩料或预混料加入糠麸、玉米等饲料中后，只随便拌几下，而没有将其与糠麸、玉米等充分拌匀混合。这样的饲料各部分营养极不平衡，直接影响饲喂效果，有时会引起中毒。

### （四）饲喂误区

饲喂误区表现在以下七个方面。

**1. 盲目增加饲喂次数** 有些人认为，肥育猪喂得次数越多越好，其实这是片面的看法。当每千克饲料中含可消化能在11兆焦以下时，每天喂4～6次效果较好；每千克饲料中含可消化能在12.5兆焦以上时，日喂3次就行了，喂的次数多也不会有明显作用，反而加大了劳动强度。

**2. 生喂和熟喂** 什么饲料应该生喂，什么饲料应该熟喂，有些人不清楚，所以，把应该生喂的饲料却熟喂了，而把应该熟喂的饲料却生喂了，当然饲养效果很差。应该生喂的饲料主要是玉米、高粱等禾本科类籽实，叶类、萝卜类蔬菜，各类无毒青草；应该熟喂的饲料主要是豆科类籽实，豆科类油粕，薯类蔬菜等。

此外，大多数养猪数量少的农户在冬季养猪时，害怕猪吃冷食影响生长及健康，而将全价饲料、浓缩料、添加剂等放入锅中煮沸，待料温不烫时再取出喂猪。饲料煮沸后，相当一部分维生素遭到破坏，如果高温久煮，饲料中的蛋白质会发生化学变化，从而降低了蛋白质的消化与利用率，使饲料中很多营养物质丧失功效。

**3. 有啥喂啥** 此种情况多见于养殖数量少和经济欠发达地区的养猪户。由于受传统饲喂方法和经济条件的影响，有啥喂啥。如有的养猪户将甘薯加热煮熟后，用极少量的糠麸、剩饭菜与之拌匀直接喂猪；有的养猪户直接用甘薯秧喂猪，喂完再给点剩饭和少量糠麸。

**4. 认为精饲料喂得越多越好** 部分养猪户受传统养殖观念的影响，根本不考虑猪的消化能力，一味加大精饲料饲喂量，经常出现消化不良性疾病。

**5. 突然换料** 肉猪饲喂到某阶段，由于其营养需要发生变化，须更换饲料。有些饲养户突然更换饲料品种，将原饲料全部换成新饲料，导致应激增多，采食减少，生长缓慢，肠胃不适，患病增多。

**6. 粉料焖喂** 部分养猪户认为饲料经过发酵可以促进消化，将全价饲料在使用前用水调成糊状发酵，结果造成营养成分破坏，毒物增加。

**7. 直接用畜禽粪便喂猪** 畜禽粪便中含有吲哚、氨盐等代谢产物（包括毒素），含有许多病菌、病毒、寄生虫，很显然，直接用畜禽粪便喂猪对猪的健康极为不利。这些可利用作低成本非常规饲料的畜禽粪便，必须经过发酵处理后，方可按一定比例科学利用。

## 二、猪的常用饲料原料

饲料原料可分为能量饲料、蛋白饲料、矿物质饲料、添加剂等四大类。其中能量饲料的比例最大，约占 75%左右；蛋白饲料居次，约占 25%左右；矿物质饲料约占 1.5%左右，添加剂 0.5%左右。由于添加剂比例太低，在配料时不容易混合均匀，所以往往预先以一定量的石粉、麸皮、玉米等作为填充料，预先混合在一起。

### （一）能量饲料

饲料干物质中粗纤维含量在 18%以下，粗蛋白质含量在 20%以下，每千克饲料干物质含 10.45 兆焦消化能以上的饲料称作能量饲料。能量饲料包括谷实类、谷实类加工副产品

(糠麸类)和块根、块茎类饲料。另外,还有液体能量饲料,包括动物脂肪、植物油、糖蜜、乳清等。

**1. 谷实类** 谷实类饲料主要指禾本科植物的成熟种子,包括玉米、高粱、大麦、小麦、谷子、燕麦、稻谷等。此类饲料含无氮浸出物70%以上,粗蛋白质在8%~12%之间,赖氨酸和蛋氨酸含量较低。脂肪含量变化较大,在1%~6%之间。矿物质中含钙低,含磷高,但都属于植酸磷,猪对植酸磷利用率低。除玉米外其他谷实含胡萝卜素较少,含B族维生素较多。用谷实类饲料喂猪,应注意配合蛋白质饲料,添加矿物质饲料。

玉米为主要能量饲料,在猪饲粮中用量在20%~80%之间,玉米粉碎后易吸水、结块、发热和霉菌污染,也易氧化酸败,发苦,不宜久贮,故应现粉碎现用。高粱含单宁多,适口性差,用多了还会引起猪便秘,在猪饲粮中配合比例一般不超过20%。小麦能值低于玉米,饲料效率略差。大麦、谷子、燕麦、稻谷等含粗纤维较多,不能多用,在饲粮中不要超过30%。

**2. 糠麸类** 糠麸类饲料是谷物加工的副产品,主要有米糠、麦麸、高粱糠、谷糠和次粉等。这类饲料与谷实类相比粗纤维含量高,淀粉少,因此能量低,蛋白质含量高,矿物质中钙低磷高,B族维生素多。由于加工方式不同,饲料中营养物质含量差异很大。随着粮食加工业的发展,农副产品的种类和数量不断增加,合理地利用这些饲料转化为畜产品,具有重大经济意义。

米糠有轻泻作用,在饲粮中用量不宜过多,尤其是仔猪和妊娠母猪。肥育猪喂量过多能使胴体脂肪变软。麦麸质地疏松,适口性好是喂猪的好饲料,但粗纤维含量高,饲喂仔猪时不宜超过5%。

**3. 块根块茎类** 块根块茎类饲料主要有甘薯、土豆、胡萝卜、饲用甜菜和南瓜等。它们的干物质中含有很多淀粉和糖，所以能量高，属于能量饲料。在新鲜饲料中含水分 75%～90%，干物质少。在干物质中含无氮浸出物 50%～85%，含粗纤维 5%～11%，含消化能 13.79～15.80 兆焦/千克，含粗蛋白质 4%～12%。矿物质中钙和磷的含量都低。如果日粮中大量使用此类饲料要注意补充矿物质饲料。饲料中各种维生素含量不同，维生素 C 和 B 族维生素中硫胺素、核黄素和尼克酸含量高，胡萝卜和南瓜中含有丰富的胡萝卜素。

要注意不要喂腐烂的胡萝卜，否则会引起中毒；有黑斑病的甘薯，要削除黑斑，最好煮熟喂；土豆发绿及生芽是有了龙葵素，削除后可生喂，最好煮熟喂。

**4. 液体能量饲料** 液体能量饲料包括动物脂肪、植物油和油脚（榨油的副产物）、制糖工业的副产物——糖蜜和乳品加工厂的副产物——乳清等。

动、植物油脂含消化能达 36.84 兆焦/千克，约为玉米的 2.5 倍。添加油脂可提高日粮的能量水平，并能改善适口性，还能减少粉状饲料因粉尘所致的损失，生长肥育猪日粮加入 3%～5%油脂，可提高增重 5%和降低耗料 10%。糖蜜有轻泻作用，过量会引起消化不良和腹泻。乳清价格昂贵，一般用于小猪料中（15%～20%），大猪喂多了乳清反而引起腹泻，使猪生长缓慢。

### （二）蛋白质饲料

蛋白质饲料是指饲料干物质中粗蛋白质含量在 20%以上，粗纤维含量在 18%以下的饲料。蛋白质饲料分植物性蛋白质饲料和动物性蛋白质饲料。植物性蛋白质饲料如豆粕、棉仁粕、菜籽粕和花生粕等榨油业副产品。动物性蛋白质饲料如鱼粉、肉骨粉、血粉和蚕蛹等。

**1. 植物性蛋白质饲料** 植物性蛋白质饲料主要是指豆饼（粕）、花生饼（粕）、棉仁饼（粕）、菜籽饼（粕）、向日葵仁饼（粕）、胡麻饼（粕）、芝麻饼（粕）等饼粕类饲料，以及玉米蛋白粉、玉米蛋白饲料、酒糟、豆腐渣、酱渣、粉丝渣等糟渣类饲料。饼粕类饲料含粗蛋白质 35%以上，是饲料配方中的主要植物性蛋白质饲料；糟渣类饲料属于辅助性植物性蛋白质饲料。

豆粕是最主要、最优良的蛋白质饲料，一般含粗蛋白质 43%以上，含赖氨酸 2.4%左右，含粗脂肪 4%～6%；但豆粕不能生喂，否则猪会拉稀，尤其是仔猪。花生粕（饼）易感染黄曲霉，产生黄曲霉毒素，而且在高温季节容易酸败，所以花生粕（饼）不宜长期贮存。棉仁粕（饼）中含有有毒物质——游离棉酚，能使猪发生腹水、心脏肥大、肺水肿等，导致猪的生长速度下降，应做脱毒处理。在妊娠母猪饲粮中不宜用未脱毒处理的棉仁粕（饼），以免引起流产；在肥育猪饲料中用量不要超过 5%。菜籽粕（饼）含有硫葡糖苷，在体内相应酶的作用下会产生有毒物质，而且还含有单宁。因此，仔猪不要饲喂菜籽粕，肥育猪不要超过 8%，母猪不要超过 4%。酱油渣中含食盐 7%～8%，不宜多喂，否则会引起食盐中毒。鲜酒糟不适合饲喂仔猪和母猪。

**2. 动物性蛋白质饲料** 动物性蛋白质饲料包括鱼粉、肉骨粉、血粉、蚕蛹和羽毛粉等，蛋白质含量在 50%～80%之间。动物性蛋白质饲料含碳水化合物少，粗纤维几乎是零，有些如蚕蛹、鱼粉等含脂肪高，所以能量高。由于脂肪含量高易酸败，在饲料中用量不宜过多，鱼粉用量多易使体脂肪变软，甚至产生不良气味。这类饲料灰分高，一般在 4.9%～6.8%，鱼粉中在10%以上。在灰分中钙和磷的比例适宜,也是钙、磷的补充饲料。维生素中B族维生素丰富,尤其是核黄素和维生素$B_{12}$。动物性蛋白质饲料中血粉和羽毛粉的消化利用率低,在配合饲料中用量不宜过多。

鱼粉是优质蛋白质饲料,但价格较高,只用于仔猪和泌乳母猪,商品肉猪可以不用。国产鱼粉中有的产品食盐含量很高,盲目使用咸鱼粉易发生食盐中毒。蚕蛹用多了会产生黄膘肉(劣质猪肉)。

### (三)矿物质饲料

猪需要10多种矿物元素,一些元素如硫、钾等在植物性饲料中含量丰富,能够满足猪的需要。饲料中缺少的常量元素是氯、钠、钙和磷。

**1. 食盐** 在植物性饲料中缺少氯和钠。氯和钠是构成家猪体组织和机体正常代谢不可缺少的物质,因而需要补充或添加。食盐不但能补充氯和钠,还能增进饲料适口性,提高猪的食欲。在猪的饲料中一般含0.3%～0.5%,夏天可提高到0.4%～0.8%,小猪取下限。

**2. 含钙饲料** 含钙饲料常用石粉、蛋壳粉和贝壳粉。石粉含钙35%以上,是补充钙的最好、最廉价的饲料,吸收利用率很高,但适口性较差。蛋壳粉和贝壳粉含钙35%以上,蛋壳和贝壳在加工之前,应先消毒,防止因蛋白质腐败和病菌而感染疾病。

**3. 含磷饲料** 含磷饲料有骨粉和磷酸盐类。骨粉一般含钙30%左右,含磷13%～15%,钙和磷的比例适宜,钙和磷利用率高。磷酸盐类包括磷酸氢钙、过磷酸钙和磷酸氢钠等,含钙17.12%～23%,含磷16%～26.45%,含有毒元素氟,国家规定氟含量不得超过0.18%，氟含量过高易发生氟中毒。

## （四）饲料添加剂

饲料添加剂是基础日粮的添加成分，其功能是完善饲料的营养性，提高饲料效率，促进畜禽生长和预防疾病，减少饲料在贮存期间的营养损失以及改善猪的产品的品质。饲料添加剂可分为两类：一类是营养性添加剂，如氨基酸、微量元素和维生素。另一类是非营养性添加剂，如抗生素、激素、化学药物等。

**1. 营养性添加剂** 在正常情况下，要根据猪的不同生长阶段的生产目标，按照饲养标准确定添加剂的种类和数量。主要包括氨基酸、维生素、微量元素。氨基酸添加剂主要包括赖氨酸、蛋氨酸、色氨酸和苏氨酸。常用的维生素有维生素A、维生素D、维生素E、维生素$B_1$、维生素$B_2$，烟酸、泛酸、维生素$B_{12}$、氯化胆碱、维生素C，现在一般应用复合维生素添加剂。微量元素添加剂主要含铁、铜、锌、锰、硒、碘、钴、铝等。

赖氨酸是猪饲料中第一限制氨基酸，在缺乏动物性蛋白质饲料和豆饼（粕）的饲料中必须添加赖氨酸，以提高养猪效果。我国的蛋白质饲料绝大多数为植物蛋白质饲料，一般缺乏蛋氨酸。玉米、肉粉、肉骨粉中色氨酸含量较低，仅能满足猪需要量的60%～70%，在日粮中应补充色氨酸，但在大豆饼（粕）中含量较高。如果饲粮中苏氨酸含量达到0.66%～0.67%，即使在无鱼粉、豆饼（粕）的条件下，也能获得较好的生产效果。维生素添加剂易氧化变质，应现配现用或适当提高用量。硫酸亚铁含结晶水多，吸湿性强，也易于结块，不易与饲料搅拌均匀，故需经烘干处理。硫酸锌（$ZnSO_4 \cdot 7H_2O$）在高温高湿地区容易水解，故最好用氧化锌。我国大部分地区土壤中缺硒，在东北地区、华南地区更是严重缺硒。因此，在猪饲料中添加亚硒酸钠（$NaSeO_3$）尤为重要，既可预防白肌病，又可提高饲料利用率，但在配合饲料中使用时要充分拌匀，以防止硒中毒。

**2. 非营养性添加剂** 非营养性添加剂主要有抑菌促生长剂（喹乙醇、杆菌肽锌、速大肥、泰乐霉素和土霉素），驱虫保健剂（莫能菌素、盐霉素、氯苯胍等），抗氧化剂，防腐剂，着色剂，调味剂，保健及生长促进剂。这类添加剂一般可起到增加猪的食欲、促进生长、提高饲料效率的作用，但在饲养标准中对添加量等都做了明确规定，应严格遵守。

## 三、饲料的加工方法

为了便于与其他饲料混合制成成品料，以及提高其消化利用率，需将饲料进行加工。不同饲料需要不同的加工方法，不同加工方法对饲料利用的改善程度不同。加工方法有简单、有复杂。一般来说简单的方法应用较普遍，复杂的方法应用普遍性差，但效果好于简单方法且成本较高。因此，要根据实际情况选择合理的加工方法。

### （一）谷实类饲料的加工方法

谷实类饲料的加工方法主要有粉碎法、膨化法、微（波）化压片法等。

**1. 粉碎法** 谷实类能量饲料有硬种皮，猪的胃肠破坏不了这些硬种皮，所以需磨碎，这是最原始、最古老的加工方法。磨碎谷实的机器设备不少，比较常见的是锤片式粉碎机。锤片式粉碎机可分为切向粉碎机、轴向粉碎机、齿爪式粉碎机。

粉碎机的噪声都较大，所以安放地点应远离妊娠母猪舍。一般饲料配方只需粉碎到细度1毫米左右就行了，不宜太细，太细会导致胃溃疡。谷实类能量饲料一般为生喂。

**2. 膨化法** 将谷实类饲料加热，用蒸汽软化，再用螺旋输送器送至膨化器，使软化了的谷实料减压膨大。这种加工方法的关键是控制淀粉的膨化程度必须得当。在精料营养占日粮的60%～80%时，膨化处理能使谷实饲料饲养价值提高8%以上，高粱的饲养价值可提高10%。膨化法处理可使谷实饲料达到提高消化利用率的效果，所以一般用于乳猪、小猪的饲料加工。牧羊牌TPH135高效挤压膨化机还具有湿法、干法膨化两种功能，可相互转化任意选用。

**3. 微(波)化压片法** 微(波)化法是用红外线发生器产生微波，把谷实粒加热到140℃，使谷实粒水分降低到7%左右，再在轴辊上压成片，这种方法较膨化法成本低，有一定发展前途。

### (二)饼粕类饲料的加工方法

**1. 粉碎** 购到的饼粕类饲料一般为饼块状或片状，都不能直接参与配制饲料，需要粉碎加工，粉碎粒度大小以直径为1毫米左右为宜。齿爪式和锤片式粉碎机的喂料口较小，所以需要特殊粉碎设备。常用的饼粕饲料加工机械有单辊式粉碎机和双辊式粉碎机。

**2. 脱毒** 饼粕类饲料大多数含有毒素，而且各有特点，其脱毒加工方法也各不相同。

**(1)大豆饼(粕)** 生大豆饼(粕)中含有18种影响蛋白质消化作用的因子，可使蛋白质的消化利用率降低到40%以下。如果在饲料中配得稍多一些，还会导致猪拉稀、脱水。所以，生大豆饼（粕）需熟化处理。熟化大豆饼（粕）的设备比较简单，一般采用大锅烘炒或蒸汽加热两种方法。但要注意烘炒或加热的适度，过度的烘炒或加热会使蛋白质胶体化，反而会降低蛋白质的消化率。

**（2）菜籽饼（粕）** 菜籽饼（粕）中含有芥子苷水解毒素，既影响适口性，又会造成甲状腺肿大，所以需要脱毒处理。脱毒方法有以下三种。

①*浸泡法* 用水浸泡（冷水、热水都行，100℃开水更好些）4 小时，可基本消除毒性。如果不加水浸泡而采用干热法，基本起不到脱毒作用。

②*化学法* 我国常用的化学脱毒药液有 0.5%硫酸亚铁、4%碱水、4%农用氨水，三种药液脱毒效果相近，但都有营养损失问题。日本用 70%的乙基乙醇进行脱毒，效果良好，但成本较高。

③*生物法* 酶化水解或菌种发酵可以脱去部分毒素，但不够彻底。

**（3）棉籽饼（粕）与棉仁饼（粕）** 棉籽饼（粕）与棉仁饼（粕）含有棉酚毒素，虽然在榨油过程中棉酚受到相当的破坏，但棉籽饼饲喂量太大，仍会产生毒性作用。因此，为充分利用棉籽饼资源，需要进行脱毒处理。处理方法有：碱处理法、蒸煮法和化学法。过去采用蒸煮法，现主要采用化学法，其处理工艺见图 5-1。

经脱毒处理的棉籽饼（粕）与棉仁饼（粕）在肉猪的日粮中可用到 30%左右，能大大降低饲养成本。

### （三）豆科籽实的加工方法

在缺乏饼（粕）类饲料时，也可用豆科籽实作为蛋白饲料

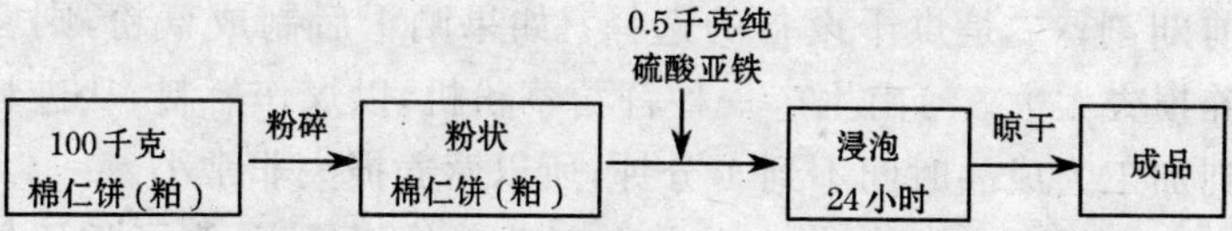


**图 5-1 棉籽饼(粕)与棉仁饼(粕)化学脱毒法**

使用,加工方法为熟化和粉碎。

**1. 熟化** 豆科籽实一般含有一些不良物质,如果生喂往往会使猪腹泻,可用热处理的办法去掉不良物质。一般采用大锅烘炒,目的是炒熟,烘炒的时间越短越好。如果有条件,用 110℃过热蒸汽处理 3 分钟最好。烘炒或蒸汽处理的时间长了,会发生蛋白质变性,降低消化率。

**2. 粉碎** 经烘炒熟的豆科籽实,应粉碎成粉状,粒度与玉米相同。用 110℃过热蒸汽处理后的豆科籽实,不能马上粉碎,应先压片,待晾干后再粉碎成粉状。

### (四)青饲料的加工方法

青饲料含水量大,维生素和蛋白质丰富,猪饲喂青饲料可以改善饲喂效果,而且可节约饲料、降低成本。在生猪市场行情较差的情况下,大量饲喂青饲料是良好策略之一。经过加工的青饲料可大量饲喂。

**1. 打浆** 为了便于猪的采食、咀嚼和有利于消化利用,可将青饲料打浆饲喂。打浆可采用加水和不加水两种方法。一般是加水打浆现喂。笔者(1993)用不加水法打浆,在饲料中配合占 66.4%(鲜重比),取得良好的养猪效果。

**2. 制粉** 为了充分利用青草,降低养猪成本,可制成青干草粉。在配合饲料中用量 5%～15%,可以取得良好效果。青干草粉制作的关键技术有二:一是掌握收割时间,要在花前刈割；二是烘干设备的选择。如果晒干后制成草粉，则营养损失太大。河南生产一种苜蓿草粉机，以煤作燃料，从进料到加工为成品时间不到1分钟，所以营养损失非常小。

**3. 青贮**　青饲料在花前刈割营养价值最高，为了长年使用青饲料，最好的办法是青贮。青饲料若晒干，营养损失达30%～50%，而青贮只损失3%～10%，且能保持青绿时的新鲜汁液，含有乳酸，适口性好，消化率高。饲喂青贮饲料，猪的生产性能可大大提高，同时还可节约精饲料、降低成本、提高经济效益。因此，青贮料的制作与利用应作为现代技术广为推广。

(1)**青贮窖**　用青贮窖青贮是传统青贮法之一。将切碎的青贮原料逐层装入青贮窖，每装20～30厘米厚，压实，然后再装一层，直到装满青贮窖。用塑料布封顶，将塑料布周边堆土压紧。

(2)**青贮壕**　用青贮壕青贮也是传统青贮法之一。将切碎的青贮原料逐段装入青贮壕，逐段压实并用塑料布封严。

(3)**青贮袋**　塑料编织袋青贮法是丁勇(1992年)所创的新技术，适用于一家一户的个体养猪户。制造直径62～63厘米的编织袋(长度不限)。将青饲料切成2～3厘米小段，含水量调整到68%～75%，边装边压实。装满后扎好袋口，在外面套上宽1米的双幅筒式塑料薄膜，将两头口子扎紧封严，堆积备用。1.5米长的袋子可青贮150千克左右，可供50千克的生长猪1个月的喂量。制作时，编织袋装料时一定要压结实，否则容易变质；塑料袋不能有破损，装编织袋的时候要特别小心；塑料袋口一定要扎严实，否则青贮料也容易变质。取用时，不要造成塑料袋破损，取出当日饲料后，马上再扎紧袋口，以防止二次发酵。如有条件，在扎塑料袋内放入干冰(二氧化碳)20克更好,丁勇三年的实践证明,青贮红薯藤、青草等都能获得100%的成功。

### (五)糟渣类饲料的加工方法

合理利用糟渣类饲料可降低养猪成本。糟渣类饲料一般可以鲜喂(鲜酒糟不能喂种猪),而作坊生产往往有季节性。大量的糟渣在某一季节产生,必然有剩余,多数利用不了而需要加工。

**1. 烘干** 糟渣含水量大,保存困难大。要长期保存或使用,必须烘干或晒干。晒干比较缓慢,破坏营养成分也多,若赶上阴雨天,只好将原料变成肥料。沈阳新华干燥设备厂最新产品——搅拌式气流干燥机,适用于各种糟渣类高湿物料的烘干,烘干以后可磨粉配入饲料中。四川省农业机械研究设计院设计生产的系列糟渣烘干成套设备,由脱水机、烘干机和粉碎机等组成,适用于各类糟渣的烘干。

**2. 发酵** 发酵是提高糟渣类饲料利用率的有效途径。用酒糟发酵后养猪,取得了良好效果。发酵工艺设备简单,成本低,可适于养猪户个体生产。现在已有一些发酵大型设备,适用于批量生产的较大型酿造工厂,主要发酵对象除酒糟外,还有玉米淀粉渣、醋糟等。

### (六)添加剂原料的加工方法

添加剂原料主要指矿物质饲料原料、维生素、微量元素、药品、酶制剂、抗生素等,养猪场(户)除能将蛋壳自行加工(简单地磨碎)为矿物质饲料蛋壳粉外,其余各种原料的加工工艺都比较复杂,这里不作介绍。

### (七)畜禽粪便等非常规饲料的土法发酵

在鲜鸡粪、牛粪、兔粪、蚕粪中加15%青干草粉或麸皮，再加10%鲜马粪或驴骡粪混匀，加水量控制在手握成团、指缝有水不滴下、30厘米高落地后可松散为度。拌好料后，将其铺在阳光下(春、秋)的水泥地面上(也可装在大缸中)，厚40厘米，用塑料薄膜盖严，温度超过40℃时，则应揭开，稍加翻动，再盖上塑料布，发酵10～25天即可喂猪。小猪日料中可配5%～10%，中猪饲料中可配10%～15%，大猪料中可配15%～25%，不宜配合太多。

## 四、成品饲料的配制与加工

成品饲料是指预混料、浓缩料、全价料。成品饲料由加工好的各种饲料原料配制而成，成品饲料与原料的关系见图5-2。成品饲料的制作(配制)顺序是预混料→浓缩料→全价料。

### (一)成品饲料配制的原则

成品饲料配制的原则，主要考虑饲料的营养性、经济性、消化性、安全性、适口性、抗病性等六个方面。

**1. 营养性** 所谓营养性，是指饲料中的营养的数量和比例可以满足猪的生长、繁殖的需要。不同类型、不同生长阶段猪的营养需要不同。通过国内外养猪专家、教授以及养猪技术人员多年的研究，制定了适合各类猪需要的各种饲养标准。因此，在配制成品饲料时，应将饲养标准作为主要参考，在此基础上略加提高(提高绝对量的3%～5%)。

**2. 经济性** 这里的经济性主要指原料来源的经济性和

原料成本的经济性。应尽量选择当地较多或调运距离较短的原料。一方面能满足供应，可避免因停工待料造成的经济损失；另一方面，也减少了调运的费用。原料成本的经济性则是，合理利用低成本饲料，从而降低饲养成本，提高养猪经济效益。

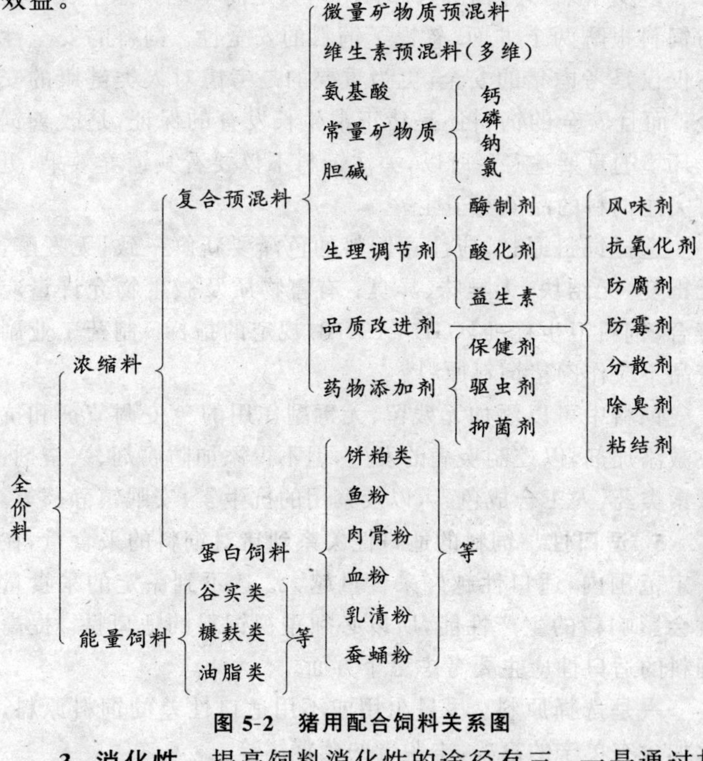


图 5-2　猪用配合饲料关系图

**3. 消化性**　提高饲料消化性的途径有三：一是通过加工提高原料的消化性（前已述及）；二是选择适合猪消化的饲料原料，比如小猪料的蛋白饲料应选择乳清粉；三是通过添加帮助消化的添加剂（比如淀粉酶、蛋白酶、纤维素酶等），提高消化率。

**4. 安全性** 影响猪肉卫生的最大障碍是：疫病和有害物质残留(如药物、黄曲霉毒素、铅、砷、汞等重金属元素)。随着人们经济条件的好转和保健意识的增强，追求肉品的安全、优质、无残留、无疫病的消费意识逐步增强。

多少年来，人们对饲料的评价，只是简单地考虑生长速度与饲料报酬两个方面，忽视了饲料的安全性。饲料的安全性不仅仅是考虑猪的安全，更为重要的是考虑对人类健康的安全；而且安全的饲料还是猪正常生长发育的保证，是改善饲养环境的重要途径。所以，关注饲料不仅要看其饲养效果，更要关注饲料的品质与卫生。

选择饲料原料，应注意饲料的色泽要新鲜一致，无发酵，无霉变，无结块，无异味、异臭；有害物质及微生物允许量应符合《饲料卫生标准》(GB—13078)规定的指标。制药工业副产品不应作肉猪饲料原料。

饲料中可以添加无残留、无毒副作用的免疫调节剂和抗应激添加剂，以控制疾病的发生，但不得添加防腐剂、兴奋剂、激素类药、人工合成色素，以及禁用的抗生素、安眠镇静药等。

**5. 适口性** 饲料的适口性关系到猪对饲料的采食量，在一定范围内，适口性越好采食量越大。达不到一定的采食量就会影响猪的生产性能，所以必须重视饲料的适口性。提高饲料的适口性应主要考虑三个方面。

一是选择原料。尽量少用或不用适口性差的饲料原料，比如含有单宁的高粱、未脱毒的菜籽饼等。

二是合理加工。某些饲料的膨化、熟化过程可产生糖分，增加饲料的甜度，并可产生香味，因而提高了饲料的适口性。

三是适度添加调味剂。如添加猪喜欢的香味物质，比如糖精、乳香素、鱼腥香等。

**6. 抗病性**　过去，为了使饲料具有抗病性，往往在饲料中添加抗生素药物，虽然抗病效果很好，但由于在猪肉中有残留，不利于人的健康，而且抗生素还有一定毒副作用。所以，目前有采用中草药和微生物制剂取代抗生素的趋势。

### （二）成品饲料的配制与加工

成品饲料的配制与加工，从生产顺序上看，是先生产预混料，然后生产浓缩料，最后生产全价料；而从实际工作上看，是先设计全价料，然后从全价料中抽提出浓缩料，最后从浓缩料中抽提出预混料。

**1. 预混料的配制**　根据饲养标准，将各种营养性添加剂、非营养性添加剂成分按工艺混合在一起，然后加上一些填充料，配制成每吨全价料配比为1%或4%的预混料。预混料为袋装粉料，不再进行加工。

预混料的配制要求设备水平高（不锈钢设备和精密称量仪器设备等），涉及的原料种类繁多，联系、采购、保存原料太麻烦，工艺也非常复杂（考虑矿物质的潮解结块问题、维生素的抗氧化问题等），因而配制难度比较大。如果生产规模较小，会加大生产成本。因此，不主张养猪场（户）自行配制预混料。

**2. 浓缩料的配制**　从图5-2可看出，浓缩料就是由预混料加蛋白质饲料配制而成。而猪浓缩饲料配方是根据全价料的需要设计的，其实就是利用预混料及蛋白质饲料、能量饲料原料的参数按猪的饲养标准计算为各种全价料，然后把预混料加蛋白质饲料抽提出来，加上一定量的能量饲料，按浓缩料含38%～40%的要求，配制成各种商品浓缩料成品料。浓缩料为袋装粉料，不再进行加工。小型饲料厂或5 000头以上的规模猪场可生产浓缩料(除自用外还可对外销售)。

**3. 全价料的配制与加工** 全价料是指各种营养素均衡、可满足猪正常生长繁殖需要的配合饲料。使用全价料养猪具有生产效益高、饲料资源利用合理的优点。建议养猪户购买浓缩料,自己配制全价料,这样较购买全价料养猪成本略低。

全价料配制好后,最好加工为颗粒料。因为颗粒料不仅适口性好,咀嚼充分,消化利用率高;而且无粉尘,可避免粉尘引起的肺炎。还可有效地保护营养成分不被氧化。饲喂颗粒料是养猪业的大方向,建议规模猪场或养猪户购买颗粒料饲喂小猪。

## (三)饲料的配制方法

配制全价料的方法很多,比较常用的有试差法、对角线法(四方法)。后来不断设计了一些新方法:简单计算的方法有代数法、公式计算法、逐步补加法(韩俊文 1984)、能一朊差比法(韩俊文 1984),比较复杂的是线性规划法(编成程序利用电脑计算)。

试差法是一种最基本、较简单的猪配合饲料设计方法,也是农村养猪户最常用的设计方法。该法具有人为灵活性高等优点,缺点是原料比例的确定需有一定经验。试差法是在对所选原料设定一个比例后逐项计算其营养提供量,最后对各营养指标量相加并与标准需求量相比较,当能量多时,降低能量饲料使用量,加大蛋白饲料使用量,再次计算、比较,直到二者相平衡地接近或等于标准需求量为止。试差法配料大体由三步组成:第一步,根据原料配比确定能量与蛋白质饲料的组成,及在这种配比下的氨基酸、钙、磷的提供量;第二步,根据需要量与提供量的差,确定满足需要的氨基酸添加剂、钙磷添加剂的需要量及其他添加剂与食盐的使用量；第三步，计算出能量饲料、蛋白质饲料和其他原料的使用量总和，把各种原料之和折合为100%。也可以在计算时将能量、蛋白质饲料使用总量控制在95%之内，为其他添加物留出4%～5%的使用空间，不足部分用便宜的麦麸等有机物补充(表5-1)。

**表5-1 试差法饲料配方设计表**

| 指标 | 单位 | 玉米 | 麦麸 | 豆粕 | 菜籽饼 | 预混料 | 合计 | 标准量 | 诊断值 |
|---|---|---|---|---|---|---|---|---|---|
| 能量 | 兆焦/千克 | 14.27 | 9.37 | 13.18 | 10.59 | | | | |
| 粗蛋白 | % | 8.70 | 15.70 | 43.00 | 38.60 | | | | |
| 钙 | % | 0.02 | 0.11 | 0.32 | 0.65 | | | | |
| 总磷 | % | 0.27 | 0.92 | 0.61 | 1.07 | | | | |
| 有效磷 | % | 0.12 | 0.24 | 0.31 | 0.42 | | | | |
| 赖氨酸 | % | 0.18 | 0.42 | 2.13 | 0.95 | | | | |
| 蛋、胱氨酸 | % | 0.31 | 0.29 | 1.06 | 1.18 | | | | |
| 饲料配合 | | | | | | | | | |
| 用量 | % | 65.00 | 11.00 | 15.00 | 5.00 | 4.00 | 100.00 | | |
| 能量 | 兆焦/千克 | 9.28 | 1.03 | 1.98 | 0.53 | | 12.81 | 12.85 | −0.04 |
| 粗蛋白 | % | 5.66 | 1.73 | 6.45 | 1.93 | | 15.76 | 15.76 | 0.00 |
| 钙 | % | 0.01 | 0.01 | 0.05 | 0.03 | | 0.11 | 0.11 | 0.00 |
| 总磷 | % | 0.18 | 0.10 | 0.09 | 0.05 | | 0.42 | 0.42 | 0.00 |
| 有效磷 | % | 0.08 | 0.03 | 0.05 | 0.02 | | 0.17 | 0.17 | 0.00 |
| 赖氨酸 | % | 0.12 | 0.05 | 0.32 | 0.05 | | 0.53 | 0.50 | +0.03 |
| 蛋、胱氨酸 | % | 0.20 | 0.03 | 0.16 | 0.06 | | 0.45 | 0.53 | −0.08 |

为降低饲料成本，在计算时把价格较低的原料用至最大值，调整时这些原料比例保持不变。办公软件中的Lotus或

excel 可以解决计算中的繁琐问题(表 5-1)。计算时一般需列表(表 5-2)。

**表 5-2　试差法配合料计算表**

| 选用原料 | | | | | | | | | 合　计 | |
|---|---|---|---|---|---|---|---|---|---|---|
| 使用比例 | | | | | | | | | 100 | |
| 养分含量与提供量 | 含量 | 提供量 | 含量 | 提供量 | 含量 | 提供量 | 含量 | 提供量 | 提供量 | 需求量 |
| 消化能(兆焦/千克) | | | | | | | | | | |
| 粗蛋白(%) | | | | | | | | | | |
| 赖氨酸(%) | | | | | | | | | | |
| 钙 (%) | | | | | | | | | | |
| 磷 (%) | | | | | | | | | | |

原料中的其他添加剂一般作为安全域量,不作为需要量的基数,需要量完全依靠添加剂来补充。有关钙磷、食盐、氨基酸与其他添加剂的配制方法是简单的数学计算,通用公式为:吨用量=添加水平÷(化学含量×纯度×生物学效价),如果添加水平单位为毫克/千克,计算出的用量单位为克/吨。

# 第六章　搞好肉猪出栏

肉猪指用于生产猪肉的生长肥育猪，人们习惯上称为生猪。猪场肉猪的饲养目的是通过对社会提供生活肉产品，从中获取利润。肉猪利润的高低不仅取决于饲养效果，而且受肉猪质量与销售价格影响。正确处理好饲养效果、饲养效益与养猪利润三者关系，科学利用个体净利润、成本利润率两个指标，确定肉猪的适时出栏时间，是提高猪场整体效益的关键。必须改变计划经济条件下形成的猪场只顾生产不顾消费的养猪误区，尽快适应市场经济的要求，从市场的整体环节着眼，兼顾生产、消费与市场的关系，用系统的观念搞好养猪生产。

## 一、肉猪生产中的误区

肉猪生产误区包括饲养观念与经济效益评估两个方面，这两方面的认识误区严重影响着养猪业的正常发展，纠正这些认识误区是提高养猪效益、促进相关产业发展的关键。

### （一）饲养观念中的误区

养猪效益的高低影响因素很多，依靠任何单一指标都不能单独决定养猪效益的高低。饲养观念直接影响养猪经济效益，通常说生长速度快，效益一定高；背膘薄，瘦肉率高，肉质就好；猪越大，生长越快，效益越高，愿意养大猪等等。其实，这些提法都是不全面和不科学的，需要重新认识。

**1. 生长速度与效益** 生长速度快虽然可以提高肉猪的出栏率，加快猪群周转，增加一定圈舍的出栏猪数，降低每头肉猪分摊的固定资产费用，饲养效果好，但不一定饲养效益高。一般来说，在一定范围内，生长速度快，饲料报酬高，因为缩短了肥育时间，可节约用于维持的营养（用于维持的营养占到食入总营养的40%左右），从而提高了饲料报酬；但一味追求生长速度快，往往使饲料使用量增加和饲料浪费增加，导致饲料报酬下降，使效益随之下降；生长速度过快则猪肉风味越差，猪肉价格会受到影响，也影响到经济效益。

肉猪效益的高低还要看其收入。决定肉猪收入的主要因素是品种、肉质，二者决定毛猪的出售单价。毛猪的收购价在我国当前受季节性影响相当明显，如何适当调整肉猪的出栏时间，使其在价格较高的时候销售，也是提高养猪效益的关键。只顾生长速度而不顾出栏时间，只顾生产而不顾品质，都难以取得良好的饲养效果。

此外，人们为提高肉猪的生长速度在饲料中添加一些药物制剂等，一味追求生长速度不顾猪肉安全与风味，这种做法必须改正。

表示肉猪生长速度的指标是肥育期的平均日增重，到底日增重多大为最佳，目前尚无定论，一般认为日增重500～700克的生长速度为好。

**2. 瘦肉率与猪肉品质** 人们习惯以瘦肉率的高低评价猪肉的好差，其实却忽略了很重要的一面，即质量安全。猪肉风味好是因为猪肉与牛、羊、禽肉相比，肌间脂肪多。全面评定猪肉的优劣应从安全卫生性、组织形态与理化性能三个方面进行系统分析，瘦肉率只是猪肉评价中组织形态学方面的一个指标。背膘薄厚只能反映猪的瘦肉率高低，瘦肉率高不一定猪肉质量就好。典型的例子有含“瘦肉精”的高瘦肉率猪肉就不好。

那么，猪的胴体瘦肉率多高为好呢，一般认为55%～65%为好。

**3. 大猪与经济效益** 科学数据表明，科学配制的肉猪料每千克可转化瘦肉约0.95千克，转化肥肉约0.25千克，长肥肉是长瘦肉成本的3.5～3.8倍。肉猪生长前期以长瘦肉为主，后期以长肥肉为主，所以最佳效益的科学养猪就要掌握肉猪在生长时期的瘦肉、肥肉生长规律，把饲养重点放在生长前期，使瘦肉生长潜力得到最大发挥。

适当延长饲养周期可以增加猪的个体净利润，调整猪的出栏季节，获得较高的利润。在养猪效益比较低微的时期，必须通过降低饲养成本，增加个体净利润来增加猪场的效益。通过增加猪群周转提高养猪效益的做法，只会增加养猪风险。

肉猪的出栏体重多大为好呢？根据有关研究，目前，大部分商品肉猪为大型肉猪，出栏体重以90～110千克为好。

### （二）评价经济指标的误区

养猪效益的高低要看整个猪场的整体效益，由猪的个体效益与出栏数决定。不同品种饲养要求的条件不一样，产生的生产成本与死亡损失也就不同；不同市场时期，养猪的利润率不同，采取不同的利润评判标准，对猪场的整体利润影响也就不一样。因此，在猪场经济效益的综合评定中必须树立科学的效益观，灵活运用，以适应变化无常的市场需求。猪场效益的计算公式为：

猪场效益＝（一批猪的出售头数×每头猪的净利润）×批次－全年肉猪死亡损失

评价猪个体饲养效益有两个指标：个体净利润与成本利润率。从表 6-1 得到，猪的个体净利润与成本利润率的最大值并不同时出现，猪场的最高成本利润率与个体最大利润分别出现在 180 天和 200 天，个体最大利润出现时间较最高成本利润率晚 20 天左右。

**表 6-1　不同体重肉猪的饲养成本与收入表**

| 称重次序（间隔 10 天） | 体重(Y)（千克） | 总成本(X)（元） | 总收入(R)（元）R＝P×Y | 利润(RN)（元）RN＝R－X | 边际成本(ΔX)（元） | 边际收入(ΔR)（元） | 成本平均产量(AP＝Y/X)（千克/元） | 成本利润率(r＝RN/X)（%） |
|---|---|---|---|---|---|---|---|---|
| 1 | 50.50 | 405.34 | 414.10 | 8.76 | — | — | 0.1246 | 2.34 |
| 2 | 58.20 | 453.48 | 477.24 | 16.24 | 48.14 | 63.14 | 0.1283 | 3.58 |
| 3 | 66.50 | 501.62 | 545.30 | 43.68 | 48.14 | 68.06 | 0.1326 | 8.71 |
| 4 | 75.73 | 557.63 | 620.99 | 63.36 | 56.01 | 75.69 | 0.1358 | 11.36 |
| 5 | 83.97 | 612.91 | 688.55 | 75.64 | 55.28 | 67.56 | 0.1370 | 12.34 |
| 6 | 93.78 | 664.55 | 769.00 | 103.45 | 51.64 | 80.45 | 0.1409 | 15.54 |
| 7 | 103.05 | 729.81 | 9843.86 | 114.05 | 66.26 | 74.86 | 0.1412 | 15.63 |
| 8 | 109.11 | 779.83 | 894.70 | 114.87 | 50.02 | 50.84 | 0.1399 | 14.34 |
| 9 | 114.91 | 827.00 | 942.26 | 115.26 | 47.17 | 47.56 | 0.1387 | 13.76 |
| 10 | 119.70 | 868.93 | 981.54 | 112.61 | 42.13 | 39.28 | 0.1378 | 12.96 |

注 1：表中数据从 4 月龄起，每隔 10 天称重 1 次，P（肉猪单价）＝8.2 元/千克

注 2：资料来源：孙海梅(1998)《养猪》(2)：35

成本利润率是反映生产单位成本的利润所得，是评价猪场效益的可靠依据，在正常养猪生产中是提高猪场效益的惟一评价指标，不容置疑。但是，在考虑养猪市场价格的特殊性后，我们不难发现有时并不切合实际需要。比如：在猪价上涨阶段与猪价波动阶段，推迟出栏降低了猪的成本利润率，却可以提高个体的绝对利润，对猪场整体效益不一定会产生负面效应。因此，灵活运用效益评价指标指导养猪生产是十分必要的。

## 二、肉猪的生长发育规律

猪的生长发育是一个复杂的过程。体重不断增加，体积不断增大，使体躯向长、宽和高的方向发展，这种量的变化为生长；体组织、器官由不成熟到成熟，功能由不完善到完善，使组织器官发生质的变化为发育。生长和发育是相互统一的，无法截然分开。猪的生长发育有一定规律性，掌握这些规律就可以在生长发育的不同阶段，通过饲料、营养、饲养方式和环境控制等手段，加速或抑制生长发育程度，改善猪的体型结构和胴体品质，使它向生产者、消费者需要的方向发展，从而可提高经济效益。

猪生长发育主要表现在体重增长的变化、体组织的变化和体成分的变化三个方面。

### （一）体重的变化规律

由于品种、营养、饲养方式和饲养环境的差异，不同猪的绝对生长和相对生长不尽相同，但其生长规律是一致的。

**1. 绝对生长** 商品肉猪体重增长速度的变化规律，是决定肉猪出售或屠宰的重要依据之一。生长肥育猪的绝对生长以平均日增重来度量，表现为不规则的抛物线（图 6-1），呈现先慢后快又慢的规律，即随生长肥育猪体重的增长，平均日增重上升，到一定体重阶段呈现增重高峰，然后下降。日增重高峰一般出现在 5～6 月龄、体重 90～110 千克阶段。因此，抓好适宰体重之前猪的饲养管理工作，尤其是利用好生长阶段较大的生长强度，是提高生长肥育猪生产力的关键。

**2. 相对生长** 生长肥育猪的生长强度用相对生长来表

示。年龄（或体重）越小，生长强度越大，随着年龄（或体重）增长，相对生长速度渐渐减慢。

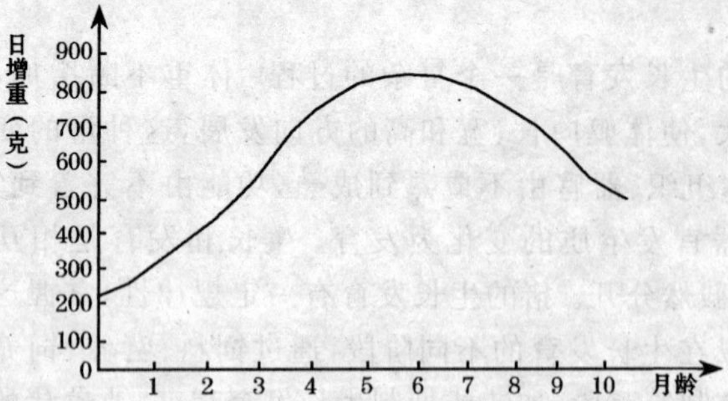


图 6-1　猪增重速度随猪年龄变化规律图

肉猪在 70～180 日龄为生长速度最快的时期，是肉猪体重增长中最关键时期，平均日增重需保持 700～750 克。25～60 千克体重阶段日增重应为 600～700 克，60～100 千克阶段应为 800～900 克，即从育成到最佳出栏屠宰的体重。该阶段占养猪饲料总消耗的 68.47%，也是养猪经营者获得最终经济效益高低的重要时期。为此，养猪者必须掌握和利用肉猪增重、体组织变化的规律，了解影响肉猪的遗传、营养、环境、管理等因素，采用现代的饲养管理技术，提高日增重和饲料利用率，降低生产成本，提高经济效益，满足市场需要。

### （二）体组织的变化

猪体组织的变化是指骨骼、肌肉和脂肪的生长规律，决定了在肉猪胴体中各自所占的比重，影响猪的瘦肉率与净肉率。猪体组织中骨、皮、脂、肉的生长强度出现时间随品种与月龄发生变化，各有其基本规律。

**1. 骨骼**　骨骼最先生长发育，也最先停止，一般在 4 月龄左右，先长长、后增粗；先外围骨生长，长体高；后中轴骨生长，长体长、胸围。

**2. 脂肪** 脂肪是最晚生长发育的组织。脂肪的生长始终上升，6 月龄前后最为强烈，按花油、板油、肌间脂肪、皮下脂肪的顺序沉积。猪体组织中肉发育居中，主要生长期出现在 4～7 月龄。

**3. 肌肉** 肌肉的生长发育居骨骼、脂肪的中间状态。

**4. 皮肤** 皮肤的生长基本上比较平稳，其生长势一般出现于肌肉之前，从出生至 6 月龄生长最快，6 月龄后趋于稳定。

体组织的变化品种间略有差别，各有特色，比如，大白猪不同周龄的胴体组成见表 6-2。

**表 6-2 大白猪不同周龄的胴体组成** (ARC，1981)

| 周龄 | 空腹活重(千克) | 修整胴体重(千克) | 体组织重量(克) | | | | 体组织比例(%) | | | |
|---|---|---|---|---|---|---|---|---|---|---|
| | | | 骨骼 | 肌肉 | 脂肪 | 皮 | 骨骼 | 肌肉 | 脂肪 | 皮 |
| 出生 | 1.34 | 0.99 | 243 | 388 | 51 | 106 | 31 | 49 | 6 | 14 |
| 4 | 5.93 | 4.41 | 767 | 1901 | 984 | 355 | 19 | 47 | 25 | 9 |
| 8 | 13.21 | 10.18 | 1730 | 4182 | 1974 | 834 | 20 | 48 | 23 | 9 |
| 16 | 36.10 | 27.49 | 3962 | 12669 | 7127 | 1738 | 15 | 50 | 28 | 7 |
| 20 | 52.06 | 40.27 | 5214 | 17718 | 13186 | 2294 | 14 | 46 | 34 | 6 |
| 24 | 71.44 | 56.34 | 6438 | 23015 | 20889 | 3075 | 12 | 43 | 39 | 6 |
| 28 | 100.00 | 80.47 | 7396 | 31647 | 34513 | 3442 | 10 | 41 | 45 | 4 |

根据以上生长发育规律，在生长肥育猪生长期(60 千克活重以前)应给予高营养水平的饲粮，注意饲粮中矿物质和必需氨基酸的供应，以促进骨骼和肌肉的快速发育；到肥育期(60 千克以后)则要适当限饲，特别是控制能量饲料在日粮中

的比例，以抑制体内脂肪沉积，提高胴体品质。

### （三）猪体化学成分的变化

猪体化学成分变化的内在规律，是制定商品猪不同体重时期最佳营养水平和科学饲养技术措施的理论依据。

随着年龄和体重的增长，猪体的化学成分也呈一定规律的变化，即幼龄时猪体的水分、蛋白质、矿物质的相对含量较高，以后随年龄和体重增长而逐步降低；幼龄时猪体的脂肪含量相对较低，以后则迅速增高（表 6-3，图 6-2）。从增重成分看，年龄越大，则增重部分所含水分愈少，含脂肪愈多。蛋白质和矿物质含量在胚胎期与生后最初几个月增长很快，以后随年龄增长而减速，其相对含量在体重 45 千克（或 4 月龄）以后趋于稳定。

**表 6-3　不同体重猪体的化学组成　（%）　（Harnicke，1961）**

| 体重（千克） | 初生 | 15 | 20 | 40 | 60 | 80 | 100 | 120 |
|---|---|---|---|---|---|---|---|---|
| 水 | 81.7 | 70.4 | 69.6 | 65.7 | 61.8 | 58.0 | 54.2 | 50.4 |
| 蛋白质 | 11.5 | 16.0 | 16.4 | 16.5 | 16.2 | 15.6 | 14.9 | 14.1 |
| 脂　肪 | 0.8 | 9.5 | 10.1 | 14.1 | 18.5 | 23.2 | 27.9 | 32.7 |
| 灰　分 | — | 3.7 | 3.6 | 3.5 | 3.3 | 3.1 | 2.9 | 2.9 |

随着体脂肪量的增加，猪油中饱和脂肪酸的含量也相应增加，而不饱和脂肪酸含量逐渐减少。据测定，体重 34 千克时，猪板油中饱和脂肪酸和不饱和脂肪酸分别占 34.89%和65.11%；体重 86 千克时，则分别为 37.26%和 62.74%。

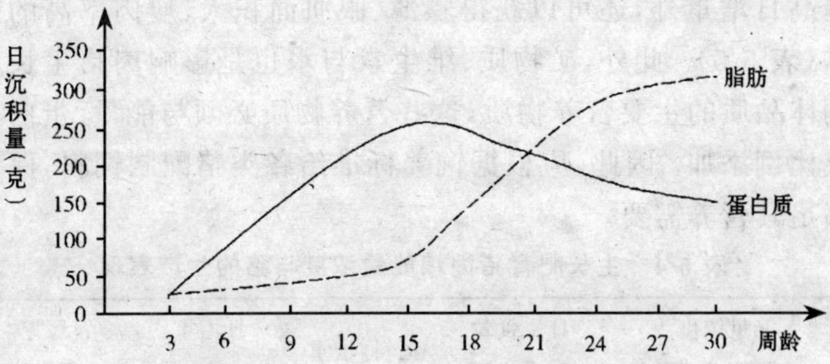


**图 6-2 不同生长周龄猪体蛋白与体脂肪沉积曲线图**

## 三、提高肉猪生长速度与瘦肉率的饲养措施

虽然肉猪生长速度不是越快越好，但也不是说越慢越好，适当地提高生长速度可节约饲料，从而提高经济效益；虽然肉猪的胴体瘦肉率不是越高越好，但也不是说越低越好，适当的瘦肉率可保证猪肉的品质，受到市场欢迎，容易取得经济效益。

提高肉猪生长速度与瘦肉率的措施包括品种、杂交、营养、添加剂调控、环境、饲养方式等，其中品种与杂交优势对一定的生产者来讲是固定的，而通过营养、添加剂、环境、饲养方式等方面的饲养调控是养猪生产者使用的主要手段。

### (一)满足猪的营养需要

选择饲料并不是营养水平越高越好，而是要符合饲养品种的要求。影响肉猪肥育的主要营养物质是能量和蛋白质。提高日粮中的能量水平，能提高日增重，但胴体的瘦肉率相对较低(表 6-4)；而在一定范围内提高日粮中的蛋白质水平，除提高日增重外，还可以获得膘薄、眼肌面积大、瘦肉率高的胴体（表6-5）。此外，矿物质、维生素与水也是影响肉猪生长与胴体品质的主要营养物质，这些营养物质必须与能量、蛋白质成比例添加。因此，应根据饲养标准给各类猪配制饲料，保证满足其营养需要。

**表6-4 生长肥育猪饲粮能量浓度与猪的生产表现**

| 能量浓度（兆焦/千克） | 日采食量（千克） | 饲料/增重 | 日增重（克） | 背膘厚（厘米） |
|---|---|---|---|---|
| 11.00 | 2.50 | 2.91 | 860 | 2.48 |
| 12.30 | 2.40 | 2.67 | 900 | 2.65 |
| 13.68 | 2.35 | 2.48 | 949 | 2.98 |
| 15.02 | 2.24 | 2.37 | 944 | 3.02 |

引自郝正里主编.《畜禽营养与标准化饲养》. 金盾出版社，2004

**表6-5 生长肥育猪饲粮粗蛋白水平与生产表现**

| 粗蛋白质（%） | 15.0 | 17.5 | 20.0 | 22.5 | 25.0 | 27.5 |
|---|---|---|---|---|---|---|
| 日增重（克） | 676 | 749 | 745 | 749 | 717 | 676 |
| 瘦肉率（%） | 44.7 | 46.6 | 46.8 | 47.6 | 49.0 | 50.0 |

引自郝正里主编.《畜禽营养与标准化饲养》. 金盾出版社，2004

### （二）肥育方法的选择

不同肥育方法对增重速度、料重比和胴体瘦肉率都有重要影响。农村家庭副业养猪的传统肥育方法已不能适应商品肉猪生产的要求，应用一贯肥育法与多阶段肥育法取而代之，兼顾增重速度、饲料利用率和胴体品质。

**1. 阶段肥育法** 阶段肥育法是根据肉猪的生长发育规律，在一定生长阶段提供一定营养浓度的饲料，以完成特定阶段的肉猪生产。一般分为30～60千克、60千克至出栏的两阶段肥育；或30～50千克，50～70千克，70千克至出栏的三阶段肥育。各阶段饲养期的长短，因饲料营养条件、饲养方式与环境条件的不同而有所区别，一般分别为1～1.5个月。

多阶段肥育法是近年来在欧洲广泛使用的一种肉猪饲养方法，是根据猪在不同阶段的营养需求不同，配制不同的饲料进行饲养的一种方法。不论采用两阶段还是三阶段肥育法，都不可避免的在猪的某些体重段表现出营养过剩或不足，为了解决这一问题，进一步提高肉猪的饲料利用效率与生长速度，又将肥育各阶段分为许多不同的生长阶段，在不同生长阶段配合更贴近猪体营养需求的饲料进行饲喂。实践中，人们预先配制高营养浓度与低营养浓度两种饲料，在不同生长阶段用两种饲料不同比例混合使用，以满足肉猪的饲喂要求。

吊架子肥育法是阶段肥育法的一种，是我国广大农村常采用的一种肥育方式。农村养猪户总结长期养猪实践经验，根据猪的骨、肉、脂的生长发育规律，把猪的整个肥育过程划分为几个阶段，分别给以不同的营养水平，把精料集中在小猪阶段和肥育阶段，在30～50千克的架子猪阶段主要利用青粗饲料尽量少用精料。吊架子肥育法能大量利用农副产品饲料，但从商品猪生产角度看存在两个缺点：一是肉猪肌肉生长强度高的前期能量蛋白质供给不足，限制了肌肉的生长。而后期正当脂肪生长强度高时给予高能量水平，增加了脂肪的沉积。生产的肉猪胴体瘦肉少、脂肪多，不能适应当前市场的需要。二是吊架子肥育的营养水平低而肥育期长，维持消耗多，饲料利用不经济。

**2. 一惯肥育法** 又称一条龙肥育法或直线肥育法。这种方法是按照猪在各个生长发育的特点不同采用不同日粮配合和饲喂技术，从断奶至催肥结束始终保持较高的营养水平，肥育全期的饲养水平显著高于阶段肥育法，能量水平为“步步登高”。

**3. 中猪肥育法** 中猪是我国华南地区和香港、澳门一带的食用猪，经烧烤加工后是上等名菜。中猪是指105～120日龄，体重25～35千克的幼猪。从仔猪哺乳期至断奶后达到要求体重，均采用强度饲养方式，日粮中能量和蛋白质要高，粗纤维的含量要低。华南农业大学饲养中猪的日粮配合是：玉米70%，麦2%，豆饼10%，花生饼5%，鱼粉10%，干草粉1%。每千克混合料含消化能12.93兆焦，可消化粗蛋白19.7%，粗纤维2.6%。

**4. 均衡肥育法** 由于猪的个体差异，同一圈内的猪发育不均匀，划分阶段对于发育差的猪不利，使群体内的差异越来越大，整体肥育效果差。为了避免群体内的差异越来越大，整个肥育期内采用一个中等偏上的营养水平（12.6兆焦消化能，粗蛋白15%），山西农业大学在太原花猪的生长发育试验中研究设计了这种方法，取得了良好效果。

### （三）饲喂方式的选择

饲养方式与猪的采食量密切相关。瘦肉型生长肥育猪由20千克开始到100千克时出栏，一般饲养3～4个月。为了充分满足其生长发育的需要，除应保证日粮营养价值外，还要给予足够的饲料数量，即随着体重的增长逐步增加饲喂量。表6-6列出了五个国家生长肥育猪每日饲喂量标准，供参考。

表 6-6　五个国家生长肥育猪每日饲喂量标准　（单位：千克）

| 体重 | 日本 | 英国 | 美国 | 瑞典 | 丹麦 | 五国平均 |
|---|---|---|---|---|---|---|
| 20 | 1.0 | 1.00 | 1.03 | 0.93 | 1.10 | 1.07 |
| 30 | 1.4 | 1.50 | 1.70 | 1.36 | 1.65 | 1.52 |
| 40 | 1.8 | 1.9 | 2.15 | 1.79 | 2.09 | 1.95 |
| 50 | 2.2 | 2.25 | 2.50 | 2.21 | 2.64 | 2.36 |
| 60 | 2.4 | 2.60 | 2.75 | 2.61 | 2.97 | 2.67 |
| 70 | 2.6 | 2.80 | 2.95 | 2.96 | 3.19 | 2.70 |
| 80 | 2.8 | 3.00 | 3.10 | 3.21 | 3.14 | 3.10 |
| 90 | 3.0 | 3.15 | 3.20 | 3.43 | 3.63 | 3.28 |

由瘦肉型品种公猪与当地母猪杂交生产的杂种猪，每日饲料给量应低于国外标准。正常情况下，每头猪全期（20～90千克体重）耗料量约 250 千克左右。在 4 个月的肥育期间，第一个月平均每头每日耗料 1.2～1.6 千克，第二个月 1.7～2.1 千克，第三个月 2.2～2.6 千克，第四个月 2.7～3.0 千克。料重比在 3.0～3.6∶1 之间。

在生长肥育猪采用混合料生喂和限量定额饲养制度下，一般每日给料两次。试验证明，在 20～90 千克肥育期间，每日饲喂三次并不能改进日增重和饲料利用率。如果在一周的不同时间内少喂一次或两次饲料（即一周中有一天少给 30%的饲料），对日增重及饲料利用率影响不大。

肉猪的饲喂方法分自由采食和限制饲喂两种。自由采食指猪在一昼夜中随时都能吃到足够的饲料并从中获取自己所需要的营养物质。限制饲喂有限量与限质两种类型，指猪在一天中采食到规定的饲料数量或营养物质。限量饲喂一般规定一天喂几次饲料，每次喂饲料的数量也有一定限量；限质饲喂通过调整饲料营养浓度来实现。自由采食是国外养猪业普遍采用的一种方法。自由采食饲喂的猪，日增重高，胴体背膘较厚；限量饲养的肉猪，饲料利用率较高，背膘较薄。为了追求日增重，以不限量饲喂为好；为了得到较瘦的胴体，应采取限量饲喂。

为了防止自由采食时采食过量，沉积脂肪多，降低饲料利用率，有些猪场采用供给自由采食料量的70%～80%；或把饲喂时间控制在1小时，以限制采食量。

肉猪在多少体重阶段开始限喂与猪的品质资源密切相关。一般来说，体重60千克以上的猪，体脂沉积量显著增加，饲料利用率随体重增加而下降，从这点出发，在肥育前期(60千克前)采用自由采食，使猪得到充分发育，而到了60千克以后，采用限量饲喂，限制能量的采食量，控制脂肪大量沉积，这样全生长肥育期既可以提高日增重和饲料利用率，同时脂肪也不会沉积太多。

目前，在瘦肉型猪的饲养技术中，按肉猪前后期分别施行自由采食和限量饲喂，已得到世界的公认，只不过各自限量程度不同。一般认为，肥育后期以限制自由采食20%～25%为好，过低过高都不适宜。

### (四)创造适宜的环境条件

在适宜的环境条件下，肥育猪才能发挥生产的潜力。温度、湿度、气流、光照、灰尘和微生物、有毒气体、噪声、圈养密度以及更换栏舍都能影响猪的肥育效果。

**1. 温度** 肥育猪的适宜温度为18℃～20℃，温度过高或过低都能影响猪的肥育效果。当温度过高超过32℃时，由于猪的散热加快，呼吸频率显著的增加，以至使猪的体温有升高的现象。这时猪的食欲下降，采食量大大减少而影响增重效果。温度降低到4℃以下时，由于导热和气流对流增加，猪体散热较多而加速了猪体热源的分解，这时猪为了维持它对热能的需要，食量显著增加，但增重速度并不一定加快。因此，低温同样对肥育效果不利。气温在适宜的情况下，每下降1℃，猪的日增重约减少17.8克。为减少维持消耗，提高肉猪冬季饲养效果，必须采取保温措施。针对不同条件的保温措施是：封闭式猪舍，使用暖棚，厚垫草，增加饲养密度。

**2. 湿度** 肥育猪舍的适宜相对湿度为75%～80%。湿度对肉猪生长发育的影响是通过影响散热来实现。此外，高湿会提高肉猪的发病率。

**3. 保持适宜的饲养密度** 饲养密度对生长肥育猪有很大影响。一般认为，每圈饲养头数不宜超过8～12头，每头占用面积以不少于0.8～1.2平方米为宜。当每头猪占用面积少于0.6平方米时，不仅日增重和饲料利用率明显降低，而且残废仔猪数有所增加。圈养密度及每圈饲养头数对肥育效果的影响见表6-7。

**表6-7 圈养密度对肥育的影响**

| 每头占用面积（平方米） | 试验期增重（千克） | 平均日采食量（千克） | 饲料利用率 |
|---|---|---|---|
| 0.5 | 40.4 | 2.42 | 4.09 |
| 1.0 | 41.8 | 2.37 | 3.86 |
| 2.0 | 44.7 | 2.36 | 3.69 |

## （五）添加剂和代谢修饰剂的合理使用

**1. 中草药添加剂的应用** 传统的肉猪增重添加剂是抗

生素，之后人们开始使用抗生素与高铜或高锌。鉴于抗生素在猪肉中的残留，高铜、高锌可能带来环境污染，使得人们开始尝试使用天然的中药添加剂。

实践证明，利用中药添加剂取代抗生素等提高肉猪健康水平、增重速度及胴体瘦肉率是一条具有中国特色的生产高档猪肉（安全猪肉）的有效途径。据近年普查，我国有中草药资源12 807种。其中《中国兽药典》收载的中草药386种，《兽药规范》（1992，第二部）记载的为176种，共计562种。我国农业部1994年发布的《饲料药物添加剂允许使用品种目录》中，首次列出的中草药有苍术等12种。

**（1）苍术**　菊科植物茅苍术（南苍术）和北苍术的干燥根茎。猪每次服用苍术粉3～15克或猪饲料加入2%～5%（与适量碳酸钙合用）有开胃健脾、防治夜盲症、软骨病等功效。苍术、苦参（2∶5）粉剂，猪每次服5克（混饲料中）作健脾促长剂。平胃散（中国兽药典方）：苍术80克、厚朴、陈皮各50克、甘草30克共研为末，猪每次服30～60克，主治食欲不振、消化不良。

**（2）杨树花**　杨树花是白杨、加拿大杨等的干燥雄花序干品。具有清热解毒、化湿止痢功效，可治湿热下痢、仔畜泄泻。内服30～60克。

**（3）陈皮**　橘类的成熟干燥果皮。山楂陈皮散（山楂20克、陈皮10克、麦芽20克、苍术10克、黄精10克、白头翁10克、大蒜5克、地榆5克、板蓝根10克、生姜5克，粉碎为末），饲料中加入1%喂仔猪，能理气健胃，提高增重和饲料报酬；首乌陈皮散（何首乌20克、白芍25克、陈皮15克、神曲15克、石菖蒲10克、山楂5克、贯仲10克，粉碎为末），饲料中添加2%作健胃剂。

**(4)沙棘** 沙棘又叫醋柳果、沙枣、大尔卜兴。胡颓子科植物沙棘的果实，产于华北、西北、西藏、云南等地，是蒙古族、藏族习惯用药材。有消食化滞、祛痰止咳、活血散瘀功效。主治消化不良、食滞肚胀、肠炎痢疾、咳嗽多痰及高热伤阴等症。

**(5)金荞麦** 蓼科荞麦的干燥根茎。有清热解毒、健脾利湿、清肺排脓，活血散瘀功能。主治咽喉肿痛，肺痈鼻脓，乳痈下痢，风湿痹痛。野荞麦鲜叶煎汁内服治动物急性乳腺炎、蜂窝织炎；其根配焦山楂、生甘草煎汁内服治菌痢。全草粉碎为末，可供混入饲料喂服。内服用量15～60克。

**(6)党参** 桔梗科党参的干燥根。具有补中益气、健脾益肺、生津止渴、刺激脾脏造血等功能。主治脾胃虚弱，少食腹泻、肺虚咳喘，倦怠无力，气虚脱垂(肛脱、子宫脱)。常用四君子散(中国兽药典方)：党参、炒白术、茯苓各60克，甘草30克为末，治脾胃气虚，食少体瘦。党参内服用量30～35克。

**(7)蒲公英** 菊科蒲公英，碱地蒲公英干燥全草。具有清热解毒、消肿散结、利尿通淋的功用，可治目赤黄胆、咽炎乳痈、肺热咳嗽，热淋缺乳等症。蒲公英与乳酱草(大戟科地锦)、羊乳参、地龙干各120～180克，煎水服治猪乳痈和乳热无乳症。蒲公英干粉按1%～3%添加畜禽饲料喂服作健胃、保健、促生长剂。蒲公英内服15～30克。

**(8)神曲** 辣蓼、青蒿、杏仁等多种药物加入面粉或麸皮经发酵制成的曲剂，经炒至黄色者为炒神曲，炒至焦黄者为焦神曲。有助消化及维持动物体正常代谢和神经传导的作用。四味神曲散(神曲、山楂、麦芽各10克，槟榔2克，共为细末)，混饲料喂服，小猪每次服10克，大猪40～80克，为健脾促长添加剂；芒硝神曲散(干燥芒硝300克，神曲400克，石菖蒲50克，何首乌50克，厚朴50克，陈皮50克，粉碎为末)添加入100千克猪饲料中，作健脾消食、促长肥育剂。神曲内服每次6～12克。

**(9)石膏** 硫酸钙矿物药，有补钙及提高血清钙离子浓度作用。生用能清热泻火，煅用生肌敛疮。配知母可增强其清热功效。与麻黄、杏仁配伍可加强清热、止咳平喘作用，与生地、丹皮合用治热毒发斑。白虎汤(即《伤寒论》中的石膏知母汤)：石膏500克，知母120克，甘草80克，粳米100克，煎汤饮服，治动物高热症(能清热生津)。石膏内服量15～30克。

**(10)玄明粉(元明粉)** 芒硝经风化干燥制得的白色粉末，即干燥硫酸钠。小剂量内服可增加胃肠分泌与蠕动，大剂量内服能保持肠容积，软化粪便，引起腹泻。玄明粉还具有清热化痰，润燥散结的作用。人工盐(干燥硫酸钠440克，氯化钠180克，碳酸氢钠360克，硫酸钾20克，过100目筛，混匀)为常用的健胃、祛痰、缓泻药(兽药规范方)。玄明粉内服健胃量12～18克。

**(11)滑石(脱石)** 硅酸盐类矿物药，天然硬滑石即本品，软滑石为高岭石。滑石是含水硅酸镁。用含10%滑石粉的平板培养基作抑菌试验，对伤寒杆菌、副伤寒菌有抑制作用。内服对胃肠黏膜有吸附毒物和保护黏膜的作用，按中医药性它能清热解暑，利湿通淋，护肠止泻，祛湿敛疮，临床应用配藿香、佩兰、黄芩、芦根、茵陈、甘草作清热解暑剂；配茯苓、苡仁、车前子、白头翁、秦皮、苦参、黄连治湿热泄露泻。三石散(石膏、滑石、寒水石各30克，便秘者加干燥芒硝30克，研为细末，)拌入饲料中或加水饮服，猪体重25千克以下每次服20～30克，25千克以上每次服30～60克，主治高热症。

**(12)牡蛎壳(蚝壳，海蛎子)** 海产牡蛎科动物牡蛎、长牡蛎等的贝壳。烧煅至灰白色酥脆为煅牡蛎，80%～90%为碳酸钙、磷酸钙及硫酸钙及镁、铝、硅、铁等的化合物。牡蛎壳制品能滋阴助阳，收敛固涩，软坚散结，与龙骨、白芍苷、龟板、鳖甲配伍治阴虚内热；配生地黄、麻黄根、浮小麦治体弱虚汗；与芡实合用固精治遗；与海螵蛸伍用为收敛治酸（中和胃酸）之佳品；牡蛎配龙骨安神镇惊；煅牡蛎固涩止泻。牡蛎粉（贝壳粉）可作为畜禽补钙剂及微量元素稀释剂，按 2%～3%添加入饲料中。牡蛎壮骨散（牡蛎粉 30 克，骨粉 60 克，炒神曲 120 克，炒含碘食盐 30 克，共研为末）治软骨症，猪 5～10 克或按 3%～5%混入饲料中饲喂，15 天为 1 疗程。

**2. 代谢修饰剂的应用** 利用生长激素、活性物质作为代谢修饰剂，可改善肉猪胴体品质。近半个世纪以来，给猪注射由脑垂体组织提取的含有猪生长激素（PST）的物质，能使生长猪的瘦肉组织增加，而脂肪沉积降低。因此，PST 现已在多个国家被批准使用，作为每日注射的胴体修饰剂。除了这种可注射的生长激素外，近来对一些用于改变瘦肉和脂肪沉积比例的其他口服活性化合物也进行了有效的研究，已批准用于养猪业的口服活性代谢修饰剂是甜菜碱。现已证明，甜菜碱在某些情况下可减少猪的背部脂肪厚度，提高生长性能。吡啶羧酸铬，也已被建议用作猪的代谢修饰剂。最近又发现一种新的脂肪酸共轭亚油酸（CLA），能够改进猪胴体组成并减少背部脂肪厚度。

外源性猪生长激素的最佳效果发生在猪的肥育期阶段（60～120 千克），可促进蛋白质在所有组织中沉积。

甜菜碱是一种甲基供给体，其价格比胆碱便宜且腐蚀性较小，研究证明可部分取代猪日粮中的胆碱。对于饲喂低蛋白质且低能量日粮和高蛋白质且高能量日粮的猪，甜菜碱可提高平均日增重；可是对于饲喂低蛋白质且高能量日粮和高蛋白质且低能量日粮的猪却降低了平均日增重。

脂肪酸共轭亚油酸是一组混合物的统称。在过去的十年，对这组脂肪酸的关注逐渐上升，特别是因为这组混合物中有一种或数种异构体具备有效的抗氧化和抗癌的特性。现已发现 CLA 可明显地减少试验动物的体脂肪，增加瘦肉量。向日葵籽油亚油酸含量高。共轭亚油酸对平均日增重和饲料摄入量没有明显作用，但可改善饲料增重比。

## 四、确定肉猪适时出栏的方法

肉猪什么时候屠宰，应考虑品种类型和肥育方式、消费者对肉食的要求、饲料与猪肉的市场价格等方面。对于不同品种类型和肥育方式，确定经济的出栏体重很有必要。

### （一）影响肉猪出栏的主要因素

影响肉猪出栏的主要因素包括：品种类型、消费者对肉食的要求、饲料与猪肉的市场价格等三个方面。

**1. 品种类型** 猪在不同体重时屠宰，其胴体瘦肉、肥肉的绝对量和相对量是不一样的。随着体重的增加，屠宰率、瘦肉、肥肉的绝对量增加，瘦肉的相对量减少。不同的猪品种，屠宰适宜体重不同。

我国饲养的猪种繁多，体型大小不一，究竟多大体重屠宰为佳，不能一概而论。一般早熟的华南地方猪种以 65～75 千克屠宰为适宜；培育品种或杂种猪，体重 80～100 千克屠宰为宜；晚熟品种或采用阶段肥育地区以及瘦肉型猪，体重在 90～100 千克屠宰为好。出口供应香港的瘦肉猪一般在生后 6 个月左右，体重达到 90 千克上市。

**2. 消费者对肉食的要求** 我国的商品肥猪主要是供国内市场，少量出口。我国部分农村在现阶段对猪肉的要求是膘稍厚为好；大城市和近郊农村的消费者，则要求瘦一些的胴体；国外市场主要要求瘦肉多、背膘薄、脂肪少的猪肉。出口生猪瘦肉率越高，售价也越高。

**3. 饲料与猪肉的市场价格** 经济效益是肉猪生产的追求目标，生产中不能仅以瘦肉率高低来确定屠宰体重，需要从增重速度、饲料报酬、屠宰率和胴体品质等多方面来综合考虑，也就是说，适宜的屠宰体重要权衡总的经济效益。

### （二）确定肉猪出栏的几种数学方法

确定肉猪出栏的数学方法主要有：回归法、边际分析法、成本利润率法和简易公式法。

**1. 回归法** 该方法是利用肉猪体重（X）或时间（t）与利润（Y）建立回归方程，结合肉猪与猪配合料的市场价格，根据函数极值原理，求曲线方程一阶导数等于零时的自变量（X 或 t）值，即为最佳出栏体重或最佳出栏时间。该方法需要较高的数学基础，一般养猪户不具备这种能力。因此，具体方法不再介绍。

**2. 边际分析法** 边际成本（或投入）与边际收入（或产出）是指某一饲养阶段增加的成本与收入。从表 6-1 中可以看出，当边际成本与边际收入相等时，单位个体净利润值最大。边际分析法就是通过边际成本与边际收入的分析求得最大利润时的饲养期，所追求的是单位个体的利润。

**3. 成本利润率法** 该法是通过计算肉猪到某一阶段为止，单位投入所获取的最大利润来确定肉猪的最佳饲养期，所追求的是单位成本的收益。从表 6-1 看出，单位成本利润率为 15.63%时，体重为 103.05 千克。

**4. 简易公式法** 也叫临界点法，其基本原理是当日的投入与产出相等时利润最大。

上述四种方中，第三种是追求单位成本收益，其他三种方法都是追求个体的最大收益，尽管计算方法不同，但结论一致。

# 第七章　环境控制

养猪的生产效率、经济效益的高低，不仅取决于品种、饲料、饲养管理技术，而且在很大程度上取决于环境控制技术。比如，寄生虫病的发生来源于环境污染，它可以导致生长猪只吃不长；猪的传染病的发生亦是环境控制不力造成的，它可导致整个猪群“全军覆没”。这些情况都说明，必须重视环境控制。

环境控制技术包括内环境控制（猪的体内、体表）、外环境控制（猪场卫生环境、气候环境）。在整个养猪业中，环境控制是一个薄弱环节，而且养猪户在环境控制方面也确实存在一定误区。

## 一、环境控制误区

养猪户对环境在养猪生产中的作用认识不足是普遍现象，因而舍不得在改善猪的环境方面投资，这也是农民养猪的一大误区。其实，在很多情况下，环境控制对养猪的经济效益起着决定性作用。

### （一）认为猪就是爱脏的动物

大多数农村养猪户认为猪就是爱脏的动物。因此，猪舍不勤打扫，饮水槽水脏了也不及时换水。其实，猪是爱干净的动物，猪一般不在有粪尿的地方躺卧，不在食槽旁边排粪尿。虽有少数猪有到处排粪尿行为，但经过调教可以改变。

### （二）防病意识淡漠

目前，大多数养猪户的防病意识已逐步建立起来了，但仍有少数人防病意识依然淡漠，表现在以下几个方面。

**1. 舍不得及时处理病猪**　在传染病流行时，舍不得及时扑杀处理病猪，结果导致全群感染，造成重大经济损失。

**2. 病猪、死猪及其粪便处理不合理**　不懂得如何处理病猪、死猪及其粪便，加快了疾病传播，既威胁自家的养猪，还给他人的养猪带来威胁。

**3. 不注意灭鼠灭蝇**　苍蝇多得成灾也不进行杀灭，老鼠到处打洞、乱串也无动于衷，不知道老鼠、苍蝇都是疾病的传染媒介。

**4. 拒绝打预防针**　有的养猪户拒绝当地兽医给猪打预防针，认为他养的猪就不得传染病。

**5. 家猪"不在家"**　在农村，尤其是山村，还可看到猪在大街小巷逛游，走家串户，这种养猪户不但破坏公共卫生，而且对控制疾病非常不利，一旦发生传染病，全村的猪都很难幸免。

### （三）不愿在环境控制方面投资

由于经济条件所限，广大农村的养猪户不愿在环境控制方面投资，因而在环境控制方面的设备很差，环境控制措施确实也很薄弱。

**1. 不愿在建筑猪舍方面投资**　为了省钱将猪舍建得又低又小，墙壁薄、屋顶薄，保温性能很差，又破又脏。到了冬天，虽然搭了些塑料布，略能起点保温作用，但猪舍还是又冷又潮又臭，或走风漏气，保温性很差。

**2. 不愿在保温设施方面投资**　不知道环境温度应控制

到多高为好，也不知道不适宜温度对猪的生产性能的影响程度。认为在保温设施方面投资不划算，致使舍温过低，加大了猪的维持需要和饲料成本。

### （四）环境控制的技术误区

环境控制的技术误区主要表现在猪舍设计、防暑降温措施两个方面。

**1. 猪舍设计误区** 有的农民朋友或转行企业的老板，不请教专家，依自己的想象建猪舍，或者随便看一两个猪场，照葫芦画瓢建猪舍，有很多猪舍建得不合理，却被反复照搬应用。比如，粪尿沟设在饲喂走道，猪舍内的地面的坡面向饲喂走道方向倾斜，而猪排便的习惯是在饲喂走道的对侧墙根，加上粪尿又不及时处理，结果是满圈粪尿，没有猪躺卧的地方，只好滚得浑身是粪尿。应该将粪尿沟设在距饲喂走道对侧墙根的 40～80 厘米处，粪尿沟宽 24～40 厘米，加盖漏缝地板，猪舍内的地面坡面向粪尿沟方向倾斜，再加上猪进入猪舍的两周内进行“三定位”调教及及时拣拾粪便，猪舍内会非常干净。

**2. 防暑降温误区** 炎热的夏季，猪舍内温度很高，需要防暑降温。有些人采用了猪舍地板泼水降温的办法，这是一种错误做法。在猪舍地板上大量泼水（或冲洗）可起到降温作用，但是，大量泼水不仅会增加成本，而且容易导致猪患湿疹，患猪腹部长满湿疹块，很难治愈。

## 二、外环境的控制

外界环境控制指的是对生态环境、气候环境和卫生环境的控制。

### （一）生态环境的控制

生态环境的控制主要包括选择场址、灭蚊蝇灭鼠、限制参观三个方面。

**1. 选择场址** 从生态角度出发，建猪场、猪圈不仅要考虑不被他人污染，还要考虑不污染他人。因此，猪场要远离村庄1 000米以上，而且要建在村庄的下风向，或平行风向；要远离屠宰加工厂、其他养殖场1 000米以上，或50～1 000米的平行风向方位。

**2. 灭蚊蝇灭鼠** 蚊、蝇、鼠不仅是传染病的传染媒介，而且严重地影响猪场的生态环境。

**（1）利用昆虫病原线虫控制猪场蚊蝇** 山东农业大学李铁坚教授等的“家禽生态高效清洁综合技术开发研究”项目，在这个方面取得了成功的研究。昆虫病原线虫是蚊蝇的天敌，可以杀死蚊蝇，但对人、猪无毒、无害，且不污染环境，消灭蝇蛆也特别显著，是目前控制生态环境的最好办法。经试验，用线虫杀灭蝇蛆，48小时可致死蝇蛆93.3%。蝇蛆感染线虫后24小时，表现迟钝，36小时后死亡达高峰，蝇蛆死后，尸体变软，呈黄褐色，无臭味。不同线虫的种类和数量对蝇蛆的杀灭效果略有差异，选择线虫灭蝇很有必要。

**（2）洁利33杀灭猪粪蚊蝇** 河北农业大学与南京某部队合作生产的洁利33高效杀虫剂，仅对昆虫（包括蚊蝇）有极强的杀灭作用，而对人（有骨头的动物）无任何毒害作用。药液分为快型和慢型（散发速度），以慢型用途较广，在猪舍的墙壁、顶棚上喷一次洁利33，只要有蚊蝇飞经或爬过喷药处，必死无疑，半年有效。笔者在地下室只在每年4月份喷1次，则全年没有蚊蝇及飞蛾。它对蝇蛆的杀灭效果也十分理想。这种药剂喷洒的墙壁、顶棚不怕水冲，冲了以后去掉了在药上覆盖的灰尘，反而更好。药剂气味温和，人对它无厌恶感，这是一般杀虫药剂所缺少的；对环境不会造成任何污染，这也是一般普通杀虫药剂所少有的。洁利33配合昆虫病原线虫维护和控制猪场生态环境比较理想。

**(3)及时处理猪粪** 及时处理猪粪尿可断绝苍蝇孳生的场所，从根本上减少苍蝇的数量。山西省离石市田家会猪场（山西益欣集团有限公司益得利养殖场），每天将清扫的猪粪定点堆积，用土密封，一年四季如此；对带有猪粪尿的污水，每隔1周用生石灰处理一次，有效地控制了苍蝇。整个猪场在四季几乎看不到苍蝇，来场联系业务的人无不感到惊讶。

**(4)消灭老鼠** 老鼠对猪场的生产非常不利，它不仅偷吃猪的饲料，到处打洞，破坏猪舍根基，而且还传播疫病，甚至咬伤、咬死初生小猪。目前有两种灭鼠办法在猪场或猪舍使用较为有效。

①粘鼠板捕鼠 把粘鼠板固定在木板上，放在老鼠出没处，只要老鼠的一只爪子踩上去，它的四爪很快都会被粘上去。利用粘鼠板捕鼠要定时观察，一旦发现粘住老鼠，应及时用克丝钳将老鼠夹死，拿下老鼠，妥善处理，洗净粘鼠板。使用得当，一块粘鼠板可粘鼠20只以上。

②用电网捕鼠器 专门用来拉电网捕鼠，效果极好，也很经济。架网的高度为3厘米，网下撒水，只要有鼠触网，捕鼠器就会发出声音通知你，你可关掉电源把鼠拿下，然后再接通电路。使用电网捕鼠器，要注意安全。

**3. 限制参观** 人的活动范围较广，携带病菌病毒的可能性很大，如果不控制外人参观，对猪场（尤其是消毒制度不健全的猪场)的防疫极为不利；猪舍不仅需要卫生，而且更需要安静，外人参观会使猪感到不安，影响猪正常生产性能的发挥。因此，要尽量避免外人来参观。

### （二）气候环境的控制

**1. 温度的控制** 在气候环境控制中温度对养猪生产的影响最大，其次是湿度、尘埃、有害气体。

猪正常生产性能的发挥需要适宜的环境温度，不同类型的猪所需要的环境温度不同，如表 7-1 所示。

**表 7-1 猪的适宜温度**

| 猪类别 | 年 龄 | 最佳温度（℃） | 推荐的适宜温度（℃） |
| --- | --- | --- | --- |
| 哺乳仔猪 | | | |
| | 初生 10 小时以内 | 34～35 | 32 以上 |
| | 1 周内 | 35～32 | 1～3 日龄 32～30<br>4～7 日龄 30～28 |
| | 2 周内 | 29～27 | 24～23 |
| | 3～4 周内 | 27～24 | 22～21 |
| | 4～5 周内 | 26～24 | 26～24 |
| 培育仔猪 | | | |
| | 5～8 周 | 24～21 | 21～20 |
| | 8 周后 | 24～20 | 20～17 |
| 肥育猪 | | 17～22 | 15～23 |
| 种公猪 | 成年 | 23 | 18～20 |
| 哺乳母猪 | 成年 | 17 | 15～20 |
| 妊娠母猪 | 成年 | | 15～20 |

由表 7-1 可知，体重越小，需要环境温度越高。在适宜温度之外，猪都必须额外消耗饲料的能量来维持体温恒定。适宜温度的上界叫做高临界温度，下界叫做低临界温度。对低临界温度的研究较多，体重 30～100 千克猪的低临界温度可用

以下公式进行计算：

$$Lct=26-0.06W$$

式中，Lct——低临界温度；

W——体重。

研究表明，环境温度每低于低临界温度1℃，每天每千克代谢体重(体重的0.75次方，即$W^{0.75}$)多消耗0.017兆焦消化能，这种因低温而额外消耗饲料的能量叫做热亏损。比如，体重30千克的生长猪(其代谢体重$30^{0.75}=12.8$千克)，用公式可计算出Lct为24.2℃，假定环境温度为15℃，相差9.2℃，则每天要多消耗能量(0.017×9.2×12.8)2.00兆焦消化能。若每千克饲料含能量为13兆焦消化能，即这头生长猪为了体温恒定，每天需要多消耗(浪费)饲料约150克左右。

高温有抑制猪生育能力的作用，使青年母猪的性成熟延迟，公猪的性欲降低，精液的精子浓度降低，突出地表现在受胎率降低方面。泌乳母猪在较高的采食量下才能维持良好的泌乳水平，但是高温会导致食欲下降，从而影响泌乳水平。高温会导致肥猪食欲下降，表现张口喘气、日增重下降。因此，高温环境也必须控制，不可忽视。

**(1)猪舍保温技术措施**

①屋顶保温　失热最多的是屋顶。因此，要设置天棚，天棚的保温材料要达到足够的厚度并压紧压实。

②墙壁保温　墙壁的失热仅次于屋顶，普通砖墙应为“三七”墙，最好用空心砖或加气混凝土块代替普通红砖、用空心墙体或在空心墙中填充隔热材料。

③窗户保温　有窗猪舍应设置双层窗，并尽量少设北侧窗和西侧窗。

④出入门保温　出入门口加设门斗，可防止冷风直接进

入舍内。北京华都集团2004年新建种猪场，将猪舍出入门设计为推拉门十分可取。

⑤地面保温　地面失热虽较其他外围结构少，但由于猪直接在地面上活动，所以加强地面的保温能力具有重要意义。为利于猪舍的清洗消毒、防止猪的拱掘，猪舍地面多为水泥地面，但水泥地面冷而硬，可在趴卧区加铺地板或垫草15厘米厚，并注意及时更换。也可用空心砖等建造保温地面，但造价稍高。

**(2)提高猪舍温度的技术措施**

①利用太阳能　吉林梨树县畜牧局在中国农科院气象研究所有关专家指导下，在原暖棚猪舍基础上改造了一种节能型自动控制温度暖棚猪舍，核心技术是在猪舍的整个前部设计了一个10厘米厚的塑膜集热箱，升温效果良好。在猪舍的整个前部设置塑料扣棚架，冬天扣双层无滴塑膜(不要用单层)，效果也不错。

②设置火墙或生火炉　一般猪舍可设置火墙，利用煤烟通过火墙提高猪舍温度。简陋猪舍最常用的方法是生火炉，冬季寒冷季节用，其余季节则搬走或拆除。如果在产仔舍生火炉，要加防护栏以免小猪钻入炉膛，烧伤烧死小猪。

③利用暖气设备　条件较好的大型集约化猪场，则多数利用暖气设备，但是安放暖气的方法需要改进。猪舍的暖气片应安放在猪栏上，暖气片可四面散热，而安在墙上则热量损失太大。但是其致命的弱点是猪舍比较潮湿，暖气片的锈损比较快。采用陶瓷暖气片可防锈损，但投资较大。

④热风炉　北京燕东畜牧机械厂生产的热风炉LRF：10～20系列，采用煤作能源，以耐热尼龙软管送风，并有自动控制器，按需要确定猪舍的温度，实现自动恒温控制。热风炉

送入新鲜热风空气，不仅可以恒定猪舍温度，还可以使猪舍空气保持干燥、清新。因为新鲜热空气的进入，排走了湿潮的、污浊的空气，对猪的健康极为有利。

**(3)控制高温的技术措施** 通常从通风、降温和生物调控三个角度出发进行控制。

①通风 在自然通风猪舍应设置地脚窗、天窗、通风屋脊等，进气口要均匀布置，使各处猪均能享受到凉爽的气流。在自然通风不足时，应增设机械通风设备。

②降温 南方高温地区应在猪舍的顶上安放喷水管，天气太热时，通过在顶上喷水降低猪舍温度。为了节约用水，可将屋顶的水汇集流入屋下池内，形成循环水，反复使用。北方装有热风炉的猪舍，可在无燃料的情况下用热风炉送冷风，并须注意给热风炉遮荫。

③生物调控 在猪舍外前墙种植藤蔓植物(比如金瓜、丝瓜、扁豆、牵牛、黄瓜、西葫芦等)，让其自然爬上棚架攀搭成绿荫凉棚，可使舍温至少降低2℃。在猪舍周围种植大叶落叶乔木，对猪舍的高温调控可起一定作用。

**2. 湿度的控制** 猪舍湿度(尤其是塑料扣棚猪舍)可通过通风的办法进行调节，冬天一般在上午8～9时和晚上6～7时打开天窗通风换气，但应注意保温。猪舍湿度控制在65%～80%之间为宜。

**3. 空气质量的控制** 空气质量的控制是猪舍管理中一个重要的方面。空气中各种微粒、多种气体及物理环境共同作用决定空气质量，空气质量影响猪及饲养员的健康，所以必须予以控制。猪舍内空气质量取决于其湿度、有毒有害气体浓度、空气中微生物含量及尘埃粒子浓度。

**(1)杜绝其来源** 采用干清粪工艺，合理设计清粪排水系统，减少氨气产生量；也可以使用生物制剂、药物等除臭剂，通过混入饲料让猪食入或喷撒在粪便上，减少污浊空气的产生量，现在生产上已有应用。此外，还应注意管理操作，减少粉尘的产生。

**（2）尽快排除** 首先加强环境管理，及时清除和妥善处理粪尿污物。其次应做到合理通风，排除水汽和有害空气。冬季通风要注意不能使猪舍低于生产临界温度（成年猪舍≥0℃、产房和仔猪培育舍≥15℃）。

### （三）卫生环境的控制

卫生环境好坏对猪的健康水平有很大影响，千万不要吝惜在卫生环境控制方面的投资。卫生环境控制应包括环境消毒、免疫注射、定期驱虫及消除污染（包括舍内外的空气污染、环境污染）。

**1. 环境消毒** 环境消毒是切断疾病传染源的根本性措施。环境消毒不仅要考虑药品的选择与使用，还应建立合理的环境消毒制度。

**（1）消毒药品的应用** 目前用于猪舍和用具消毒的药品很多，现将主要药品列于表 7-2。

**表 7-2 主要环境消毒药品及使用浓度**

| 药品名称 | 作 用 | 浓 度 | 用 途 | 备 注 |
|---|---|---|---|---|
| 苯 酚 | 杀灭细菌效果较好 | 3%～5% | 环境消毒、浸泡器械 | 对病毒作用差，对芽孢无作用 |
| 来苏儿 | 作用大于苯酚 | 5%、1%～2% | 环境和器械消毒、洗手 | 含 50% 煤酚皂溶液 |

**续表 7-2**

| 药品名称 | 作用 | 浓度 | 用途 | 备注 |
|---|---|---|---|---|
| 福尔马林 | 有强大的杀菌作用，可杀灭芽孢、病毒 | 5%～10% | 环境器具消毒 | 对皮肤刺激性强 |
| 氢氧化钠 | 杀菌作用强，热水溶液可杀病毒 | 2%～3%<br>5% | 环境消毒<br>消毒芽孢污染区 | 腐蚀性强，消毒后需用水冲洗 |
| 生石灰 | 水溶液消毒粉 | 1%～2%粉 | 粉刷墙壁消毒，用于地面粪便消毒 | |
| 易克林 | 破坏芽孢、细菌细胞壁 | 1∶800稀释<br>1∶1500稀释<br>1∶300稀释<br>1∶5000稀释 | 环境消毒，器具料槽消毒，暴发传染病时饮水消毒 | 北京康牧新药 |
| 安唯消 | 快速杀灭各种细菌、病毒、真菌 | 1∶1000稀释<br>1∶500～800稀释 | 环境消毒，暴发传染病时消毒环境 | 天津正大有香味、无毒 |
| 恒德王 | 快速杀灭各种细菌、病毒、真菌 | 1∶500～1∶600稀释<br>1∶4000～1∶5000稀释 | 环境消毒<br>饮水消毒 | 山西运城 |
| 特杀灵 | 杀菌 | 1∶125<br>1∶500<br>1∶200～1∶500 | 进猪前，舍内消毒，猪舍定期消毒，器械消毒 | 山东鲁西 |
| 施必康 | 杀猪瘟、痢疾病毒 | 1∶70～1∶120<br>1∶80～1∶100<br>1∶200～1∶300 | 环境消毒，体外预防消毒，发病猪饮水消毒 | 江苏 |
| 菌毒敌 | 广谱杀菌 | 1∶250 | 环境消毒良药 | 喷雾 |

作为一个猪场，环境消毒药品要多准备几种，只有循环交替使用，才能起到较为理想的环境消毒效果。因为，经常使用一两种消毒药品，细菌往往产生抗药性，消毒效果会越来越差。但也不要把几种消毒的药品混合使用，因为药品之间有可能发生反应而抵消消毒作用。循环交替使用的时间间隔也不要太短，即换药品不要太频繁，以免因消毒工具清洗不彻底而产生抵消消毒反应而降低消毒效果。循环交替使用的时间间隔也不要太长，因为细菌已产生了抗药性后还没有更换消毒药品，同样起不到环境消毒的效果。根据多年的经验，以3～7 天更换一次消毒药品为宜。

**（2）消毒制度** 分为常规消毒制度和非常规消毒制度。常规消毒制度指在没有任何传染病发生的情况下，为了防患于未然，所进行的环境消毒工作制度，如表 7-3。

**表 7-3 长年常规环境消毒制度**

| 时间 | 药品 | 消毒方法 | 备注 |
|---|---|---|---|
| 春、秋 | 20%生石灰 | 刷墙壁各 1 次 | 冬天与烟炭混合 |
| 春、秋 | 菌毒敌或恒德王或施必康 | 用喷雾器喷洒猪舍各两次，间隔 1 周 | 几种药交替使用效果更好 |
| 每月 | 3%火碱 | 喷洒舍内墙（1 米以下）、舍内地面一次 | 不要太湿 |
| 每 20 天 | 生石灰粉 | 撒各猪舍门口及走廊 1 次 | |
| 每 14 天 | 3%火碱 | 消毒池换消毒液 1 次 | |

非常规消毒是遇到特殊情况下的消毒制度。主要依据是非常规的原因，而不是时间。因此，其制度的制订，首先考虑原因，如表 7-4。

**表 7-4 非常规环境消毒**

| 消毒原因 | 药品 | 消毒方法 | 备注 |
|---|---|---|---|
| 分娩 | 3%火碱、施必康 | 分娩前7～9天分别消毒1次 | 不要让猪舍地面太湿 |
| 断奶后 | 施必康、菌毒敌 | 施必康喷洒消毒地面，菌毒敌喷雾消毒空气 | 一般猪舍 |
| | 施必康、菌毒敌 | 火焰消毒产床的铁架，施必康消毒地面及木板，菌毒敌消毒空气 | 集约化猪舍，高床限位栏设备 |
| 转群 | 安唯消、施必康或恒德王 | 转群后、进猪前进行2次消毒，间隔7天 | 任选药品，但最好交替使用 |
| 雨后 | 石灰粉 | 雨过天晴地干后，撒在猪舍外走道、门口 | 保持经常有干石灰 |
| 调回新猪 | 安唯消、施必康或恒德王 | 调入前8天消毒2次，间隔7天 | |
| 有人参观 | 安唯消、施必康或恒德王 | 参观人走后立即用施必康喷洒消毒地面，菌毒敌喷雾消毒空气 | |
| 有了疫情 | 安唯消、施必康或恒德王 | 每1～3天消毒1次 | 交替使用 |

**(3)环境消毒设备** 环境消毒设备包括利用火焰喷射消毒器、冲洗喷雾消毒机及紫外线灯等。

①$P_4$×220型冲洗喷雾消毒机 油机或电动机带动，该机工作压力为每平方厘米15～20千克力，流量为每分钟20升，冲洗射程12～14米。其特点是既可喷雾，又可冲洗。冲洗地面、产床较干净，具有节约用水、药液体积小，操作方便，工作效率高等优点。

②火焰喷射消毒器　优点是：杀菌率高（平均可达97%），操作方便，成本低，消毒的设备（产床、培育床等铁制设备）干燥防锈。

③紫外线灯　将空气中的氧分子离解为氧原子达到消毒目的。一般应置于进入生产区的通道消毒室，人进入时，先在此停留3～5分钟对人进行消毒，是理想的高效高技术灭菌设备。紫外线灯打开后，注意不要直视灯管。

**2. 消除环境污染**　即消除病猪、死猪、粪便的环境污染。主要通过EM生物制剂、生物坑、沼气池等生物新技术实施。

**(1)利用EM生物制剂消除粪尿的污染**　在集约化猪场化粪池、猪舍的产床下、粪尿沟、漏缝地板下面以及普通猪场的运动场、排粪尿沟、积粪坑、堆粪场普遍利用EM活菌制剂，消除粪便对环境（包括空气）的污染。很多人的研究表明，EM生物制剂是消除环境污染的理想制品。

**(2)利用沼气发酵池消除粪尿污染**　利用沼气池可将猪粪发酵，消除臭味和消灭粪便中的寄生虫，达到改善卫生环境的目的。产生的沼气可以用来照明、煮饭、发电、火焰喷射消毒，作为内燃机的燃料转化为动力带动饲料加工机等机械设备的运转，作为热风炉的燃料和动力调节猪舍环境温度，排出的沼液还可以养猪，作为猪饲料的一部分进行利用。辽宁沈阳的家用塑料薄膜小气袋式沼气池，利用太阳能辐射热提高池温，加速沼气原料发酵分解，提高产气效果。其建池简便，造价低廉，产气快，产气率高，管理方便，适宜于冬季气温较低，年平均气温较低的地方采用；建一个2.5立方米的池子，只需要2块塑料布，可供5口之家做饭和照明。为了安全起见，可安装水柱压力计及开关加以控制，农户养猪可采用这种方法。

**(3)利用生物热坑消除传染病死猪的污染**　传染病死猪一般采用深埋处理，但反复地挖开埋上，不但费人工，而且潜在的污染依然存在。在猪场的下风区，离水源1千米外较干燥的地方，建一个直径3米、深10米的(混凝土)生物热坑，将死猪扔进去后盖上盖子，尸体在生物坑内自行发酵15～20天则会变形，4～5个月后全部分解，热坑内温度高达65℃，长期高温可消灭病菌、病毒，分解物可做肥料。生物热坑法具有投资少，处理量大，管理方便等优点，适合中、小型猪场使用。

## 三、内环境控制

内环境的控制主要指控制猪肠道的微生物生态环境，消灭体内外寄生虫，预防病菌、病毒、支原体的侵害。通常通过利用抗生素、酶制剂、特殊矿物质、活菌制剂等以实现内环境的控制。

### (一)利用抗生素控制内环境

目前认为，抗生素有四个方面的作用。其一，刺激有益微生物群体的优先繁殖，特别是能合成动物必需的某些营养物质的微生物如酵母、大肠杆菌、产气杆菌的繁殖；其二，抑制有害微生物，减少其与寄主对营养物质的争夺，以降低消化系统类疾病(如痢疾)的发生率；其三，刺激肠壁使之变薄，使肠壁血液供应更加充分，从而促进营养物质的吸收利用，提高猪的健康水平，提高猪的抵抗力；其四，在缺乏脂溶性维生素或某些矿物质的情况下，对不良后果起到改善和控制的作用。抗生素主要以饲料添加剂的方式喂给猪，而且主要应用对象是小猪、中猪。由于抗生素具有一定副作用，有被取代的趋势。

### （二）利用酶制剂控制内环境

在饲料中添加酶制剂可改善猪的内环境，促进新陈代谢，提高饲料中较难利用的养分的吸收率，提高难以消化的饲料原料的价值。同时使粪便中的氨气和硫化氢分别减少50%和49%，从而减轻对外环境的污染，改善畜舍卫生环境，一举两得。

**1. 酶制剂对仔猪内环境的作用** 仔猪饲料中添加酶制剂，可对内源性酶进行调整，降低以酶制剂为介质的有害细菌的繁殖率，抑制腹泻发生，同时提高了仔猪的饲料利用率。使用含酶类开食料，可使仔猪提高增重8%～12%；断奶仔猪的日粮中添加含中性蛋白酶、α-淀粉酶和β-葡聚糖酶的混合酶制剂，仔猪日增重提高15%，饲料转化率提高12.4个百分点。美国在以大豆为主要蛋白质来源的日粮中添加胃蛋白酶，饲喂1～5周龄仔猪，可提高增重10%～40%，饲料利用率在80%以上，使仔猪的腹泻率明显减少。

**2. 酶制剂对生长猪内环境的作用** 关于酶制剂对生长猪内环境的作用效果，发达国家研究较多。比如：美国学者研究，以玉米-小麦-豆饼粉作基础的日粮，采食加酶日粮的仔猪较对照组增重和饲料利用率都高；比利时试验表明，在饲料中添加芬兰生产的酶制剂“保安生-SP”，日增重提高5%，饲料利用率提高4个百分点；前苏联在肥育猪日粮中添加4%的α-淀粉酶，日增重提高8%，饲料利用率提高9%～12%。在体重36～120千克阶段，肥育猪日粮中添加0.4%的纤维素酶，可提高增重7.6千克。

## （三）特殊矿物质对猪内环境的控制效果

**1. 天然沸石控制猪内环境的效果**　大量试验表明，天然沸石可提高酶的活性和营养物质的利用率。天然沸石的特殊结构能够有选择地吸附胃肠中的细菌及铵离子、硫化氢、二氧化碳、二氧化硫等有毒气体，以及有毒重金属、代谢产物及多余水分，并将体内的钙、镁、钾、钠等交换出来，从而减少猪的疾病及应激状态，提高猪的生产性能；天然沸石可使猪的肠黏膜增厚、肠腺发达、肠绒毛数量增多且排列致密、规则，从而有利于消化酶的分泌，促进营养物质的消化吸收；天然沸石可吸附饲料，增加饲料的粘滞性，延长其在消化系统中的停留时间，增强吸收作用；天然沸石最明显的内环境控制效果是降低了胃溃疡和肺炎的发病率。天然沸石对猪内环境控制的效果，见表 7-5 所示。

**表 7-5　天然沸石减轻猪病情况**

| 饲　料 | 猪　数（头） | 胃溃疡（头） | 肺　炎（头） | 心肺扩大（头） | 死亡率（%） |
|---|---|---|---|---|---|
| 含 6%沸石 | 2000 | 22 | 51 | 4 | 2.6 |
| 不含沸石 | 2000 | 77 | 128 | 6 | 4.0 |

**2. 麦饭石对猪的内环境控制**　麦饭石能增加血清中的抗体，增强机体免疫力；能吸附胃肠内某些病原微生物和有害代谢产物，以提高猪的抗病能力，并具有除臭、减少环境污染的作用；麦饭石可增进食欲，调整胃肠功能，促进猪的生长发育，提高营养物质的转化率。麦饭石饲喂效果见表 7-6 所示。

表 7-6　麦饭石饲喂效果

| 作　者 | 报道年份 | 麦饭石用量（%） | 提高增重（%） | 提高饲料转化率（百分点） | 备　注 |
|---|---|---|---|---|---|
| 早川正太郎 | 1985 | 2 | 11.96 | 12.33 | |
| 早川正太郎 | 1985 | 2 | 17.32 | 10.69 | |
| 林振国 | 1989 | 2 | 5.25～9.49 | 4.9～8.7 | |
| 陈腾捷等 | 1989 | 2 | 5.5～10.9 | 8.5～13.5 | |
| 王建国等 | 1990 | 2 | 10.5 | 7.1～23.3 | 仔猪 |
| 胡仲明 | 1990 | 2 | 10.7 | 10.61 | |

### （四）微生物制剂饲料添加剂对猪的内环境控制

由于抗生素、激素在肉、蛋、奶等畜产品中残留，可能会导致人类中毒、患癌症、产生抗药性，加之抗生素在幼猪肠道内可能会杀死有益菌群、造成肠道微生物群落失衡，使幼猪对病原微生物的抵抗力降低，因而应限制应用抗生素作为促生长的饲料添加剂。而代之以无毒、无残留、无抗药性的益生素、促生素等微生物生态制剂来实现猪的内环境控制。通过益生素调整肠道有益微生物菌群，并克服抗生素的种种弊端，从而提高增重速度和饲料利用率。

日本每年利用益生素的数量达 1 000 吨以上。美国、欧洲、中南美洲、东南亚等地均在使用益生素，主要以乳酸杆菌、酵母、双歧杆菌、链球菌、粪链球菌、乳链球菌、嗜热链球菌、二丁酮链球菌、芽孢杆菌（枯草杆菌、地衣形芽孢杆菌、东洋杆菌）、曲霉菌等制成的生态制剂为主。

微生物制剂作为饲料添加剂，在提高日增重、提高饲料利用率、减少疾病，尤其对减少仔猪下痢有显著效果。英国、美国、菲律宾、朝鲜等国都有报道，见表 7-7。

**表 7-7　国外应用微生物制剂的效果**

| 人名或国名 | 年份 | 制剂 | 作用对象 | 效果 |
|---|---|---|---|---|
| 菲律宾大学 | 1988 | 益生素 | 仔猪 | 与抗生素比较，黄痢发病率减少 7%，降低死亡率 3% |
| Sedo | 1986 | 嗜酸乳酸杆菌和粪链球菌 | 仔猪 | 显著地提高了增重和饲料利用率，优于抗生素 |
| Cowman | 1978 | 乳酸杆菌 | 5 个不同地区 680 头 82 日龄猪 | 提高了日增重和饲料利用率 |
| 朝鲜 Won | 最近 | 乳酸菌和酵母培养物 | 生长猪 | 56 天较对照提高增重 4.8 千克，改善饲料转化率 9.6% |
| Poe | 1987 | 枯草杆菌 | 生长猪 | 提高日增重 6%～7%，改善饲料转化率 3%～4% |
| Pollmann | 1986 | 微生物培养物 | 母猪 | 提高了断奶仔猪的窝重（为母猪多提供了 30%的能量，提高了母猪的养分利用率和产奶量） |
| Wheeler | 1986 | 芽孢杆菌 | 母猪 | 粪中的大肠杆菌数量减少到以前的 2% |
| Peo | 1984 | 芽孢杆菌 | 母猪 | 哺乳仔猪死亡率下降 7.7% |
| 前苏联 | | 分岐菌－嗜酸菌－链球菌剂 | 母猪 | 预防了母猪的 MMA 综合征，发病率较对照下降 36.4% |

我国在应用微生物制剂对猪的内环境控制方面也进行了大量研究。我国的微生物制剂主要有蜡状芽孢杆菌产品、酪酸梭状芽孢杆菌、无毒活性芽孢杆菌(8701)。

在应用微生物制剂时,应检查微生物制剂是否已被污染,或产品中是否含有病原性或毒性菌株。

# 第八章　猪病防治

猪病是养猪生产的大敌，是养猪经济损失的重要原因，科学预防、及时诊断、准确治疗是减少疾病损失的重点环节。在猪病防治中必须克服过去的错误认识与做法，采取科学的疾病治疗原则。

## 一、猪病防治误区

猪场猪病防治的误区主要表现在重治轻防、科学观念淡薄和乱用违禁药等三个方面。

### （一）重治轻防

农户养猪一般缺乏防病意识，麻痹大意。认为猪养得少，不会患传染病，无须进行猪圈、食槽、用具等的消毒；认为一年一次的消毒后就“万事大吉”，而忽视定期的消毒；不重视综合防治措施，不适时免疫接种，轻防重治。一旦有猪得了病便慌了手脚，乱求医、乱用药。只舍得花钱看病，舍不得消毒和免疫防病。而且不知道一旦得了传染病，尤其是病毒性传染病，给以后的养猪种下了祸根。因此，必须把重治轻防的意识扭转过来。

### （二）科学防治观念淡薄

科学防治观念淡薄主要表现在以下几个方面。

**1. 不注意消毒液浓度**　认为只要是消毒药就行，而忽视消毒药是否达到杀灭细菌、病毒的浓度。

**2. 盲目套用免疫程序** 各地的疫情不同，防疫疾病的重点也不同，可是有的养猪场不依当地疫情制定防疫方案，盲目套用免疫程序，结果做了工作，没有实效。

**3. 买便宜药** 购买疫苗不注意观察有无批准文号、批号、有效期及冷藏设施，见便宜药就买；使用时不注意疫苗是否注入猪体内、量是否足够。不按规定疗程用药，认为猪患病后用一次药就能见效，或盲目地加药或更换其他药。

**4. 滥用抗菌药** 有的养猪户把抗生素、磺胺类抗菌药当作治疗猪病的"万能药"，不合理配伍、大剂量用药，或长期在饲料中添加，导致消化功能障碍和毒副作用，有的出现药物过敏（应激）性疾病，有的导致细菌产生耐药性，给以后的治疗带来困难。

### （三）乱用违禁药

不了解哪些是国家明文禁止使用的药物，乱用违禁药的现象屡见不鲜。如盐酸克伦特罗（瘦肉精）、氯霉素、呋喃唑酮等，在肉产品中严重残留，影响人健康的教训是沉痛的。因此，养猪生产必须重视、规范猪病的防治工作，制定科学的猪病防治措施，健全消毒、免疫制度；建立完善的猪病诊断体系，科学诊断，规范合理用药。

## 二、猪病综合防治措施

众所周知，猪群的健康是经营猪场成败的重要关键。要使猪只长得快，减少疾病发生，缩短上市周期，必须坚持预防为主的方针。"防"是一个广泛的含义，除外环境控制的消毒、杀灭蚊鼠和内环境控制的驱虫外，还应在引进猪的检疫、传染病防疫、疾病早期诊断等方面采取一系列有效措施。这些措施的目的在于，对病原体或各种对猪体生长发育不利的诱病因素在进入猪体前对其设置防线。这些措施，既净化环境，防止病原的传入，又提高猪体自身免疫功能及抗病能力。因此，作为猪场管理人员及兽医技术人员，应把防重于治放在重要位置。

## （一）检　疫

猪的检疫是运用强制性手段和科学技术预防或诊断猪的疫病的发生，避免疫病从一个地区到另一个地区间的传播。我国制订的动物检疫法及其实施条例，是动物检疫工作得以正常运行和发展的法律保证。检疫包括进出境检疫及立足于国内的检疫。

**1. 国内猪群流通的检疫**　国内猪群流通检疫包括：产地检疫、集市检疫、运输检疫等三个方面。

（1）产地检疫　对生猪产地将出售、收购和运出的猪群进行检疫，产地检疫工作的好坏，将直接影响中转、运输和屠宰前的发病率和死亡率，而且可能将病原散播到安全区。因此，必须认真对待。

（2）集市检疫　主要是在市镇和农村集市上对农民出售的猪群进行检疫，一般由市场兽医或乡镇兽医执行。目的要做到禁止病猪及危害人畜健康的肉食品上市，遇有病猪，应果断地采取隔畜、消毒、治疗或扑杀措施。对未预防注射的猪群进行预防接种。若发生重大传染病时，必要时可关闭畜禽交易市场，并采取相应的防疫措施，并上报有关管理部门。

（3）运输检疫　猪及其产品，起运前必须经过兽医检疫，检查合格后才能装运。运输过程发生传染病的病猪及其尸体，要就地认真进行处理，对装运病猪的车辆、船只要进行彻底清洗、消毒。猪群运输到目的地后，要做好隔离检疫，观察判明确实无病时，方可与原有健康猪混群。

**2. 进出口检疫** 凡从境外引进种猪、遗传物质以及产品均须进行检疫。进出境检疫一般由国家有关口岸动物检疫部门执行。

**(1)现场观察检疫** 入境种猪及遗传物质抵达入境口岸时，检疫人员首先要进行现场检疫。现场检疫首先进行临床检疫，观察群体状况，如猪体休息时的躺卧状态、呼吸、被毛、排粪等有否异常；猪群在动态时活泼程度、精神状况是否正常，有否行动呻吟、咳嗽及异常的鼻音等。此外，要注意观察猪群饮食状况，健康猪喂食时大口吞食、互相争食，病猪则反之。在群体检查的基础上，剔出异常猪进行重点个体检疫，重点检查猪只的精神外貌、姿态步样、鼻、眼、口腔、咽喉、被毛、皮肤、肛门、排泄物、饮食及体温变化等，根据临床综合检疫情况，对猪群健康状况做出初步判断。进境动物在入境口岸需进行隔离检疫。隔离检疫是非常必要的，因为许多疾病都有一定潜伏期，现场检疫认为是健康的猪，不能绝对保证没问题。猪的隔离时间不能少于 45 天。

**(2)实验室检查** 在隔离期间，除认真进行临床观察外，尚需根据来源国疾病流行背景状况，采集相关样品(如血样，分泌液等)，送往实验室对要求特定检查的疾病进行病原学或血清学检查。根据检查结果，按国家有关法规做出相应的处理。

## (二)预防接种

为预防某些传染病的发生和流行，有目的、有计划地给猪按免疫程序进行免疫接种，以防患于未然。预防接种通常使用生物制剂，如疫苗、菌苗、类毒素等作为抗原激发免疫。根据生物制剂品种的不同，预防接种的途径也不同，猪一般以肌内及皮下注射为主，也有疫苗用气雾及饮水途径进行免疫的。被预防接种的猪，一般几天到3周可产生免疫力，免疫持续期可达半年到一年。

**1. 疫苗的类型** 使用疫苗，应了解疫苗的类型。现用疫苗的类型分为传统疫苗、基因工程苗两大类。

**(1)传统疫苗** 传统疫苗是指以传统的常规方法，用细菌或病毒培养液或含毒组织制成的疫苗。目前所使用的疫苗主要是传统疫苗。包括以下六种类型。

①灭活疫苗 又称死疫苗。以含有细菌或病毒的材料利用物理或化学的方法处理，使其丧失感染性或毒性而保持有良好的免疫原性，接种后能产生主动免疫或被动免疫。灭活苗又分为组织灭活苗，如猪瘟结晶紫疫苗；培养物灭活苗，如猪丹毒氢氧化铝菌苗、猪细小病毒菌苗。此种疫苗无毒、安全、疫苗性能稳定，易于保存和运输，是疫苗发展的方向。

②弱毒疫苗 又称活疫苗。是微生物的自然强毒通过物理、化学方法处理和生物的连续继代，使其对原宿主动物丧失致病力或只引起轻微的亚临床反应，但仍保存良好的免疫原性的毒株，用以制备的疫苗，如猪丹毒弱毒菌苗、猪瘟兔化弱毒疫苗等。此外，从自然界筛选的自然弱毒株，同样可以制备弱毒疫苗。

③单价疫苗 利用同一种微生物菌(毒)株或一种微生物中的单一血清型菌(毒)株的增殖培养物所制备的疫苗称为单价疫苗。单价苗对相应单一血清型微生物所致疾病有良好的免疫保护效能。如猪肺疫氢氧化铝菌苗，是由B型血清猪源

多杀性巴氏杆菌强毒株制造，对由A型多杀性巴氏杆菌引起的猪肺疫无免疫保护作用。

④多价疫苗　指同一种微生物中若干血清型菌(毒)株的增殖培养物制备的疫苗。多价疫苗能使免疫动物获得完全的保护，如猪多价副伤寒灭活菌苗。

⑤混合疫苗　即多联苗。指利用不同微生物增殖培养物，根据病性特点，按免疫学原理和方法，组配而成。接种后，能产生对相应疾病的免疫保护，可以达到一针防多病的目的，如猪瘟、猪丹毒、猪肺疫三联苗。

⑥同源疫苗　指利用同种、同型或同源微生物制备、又应用于同种类动物免疫预防的疫苗。如猪瘟兔化弱毒苗、猪流行性腹泻疫苗，可用于预防各种品种猪的猪瘟和猪流行性腹泻症。

**(2)基因工程苗**　利用基因工程技术制取的疫苗，包括以下四种类型。

①亚单位疫苗　微生物经物理、化学方法处理，去除其无效物质，提取其有效抗原部分，如细菌荚膜、鞭毛，病毒衣壳蛋白等制备的疫苗，如猪大肠杆菌菌毛疫苗。

②活载体疫苗　应用动物病毒弱毒或无毒株如痘苗病毒、疮疹病毒、腺病毒等作为载体，转染病毒细胞而产生的疫苗，如狂犬病活载体疫苗。

③基因缺失苗　应用基因操作，将病原细胞或病毒中与致病性有关物质的基因序列除去或失活，使之成为无毒株或弱毒株，但仍保持免疫原性，如猪伪狂犬病基因缺失苗。

④核酸疫苗　应用一种病原微生物的抗原遗传物质，经质粒载体DNA接种给动物，能在动物细胞中经转录转译合成抗原物质，刺激动物产生保护性免疫应答。目前还处在试

验阶段。

**2. 预防接种前应注意的问题** 在预防接种之前，应注意四点：第一，免疫程序的建立，要考虑本地区疫病流行情况，母猪母源抗体状况，仔猪、生长猪、肉猪的发病日龄，发病季节，免疫间隔时间等因素以及以往免疫效果。拟定一个好的免疫程序。不仅要有严密的科学性，而且要符合当地猪群的实际情况，也可考虑疫苗厂家推荐的免疫程序，根据综合的分析，拟定出完整的免疫程序。若有疫情存在，应先安排对特定病的紧急预防，稳定后再安排预防接种；第二，要对被接种的猪进行详细的检查，特别要注意其健康状况，因为不同的健康水平，预防接种后所产生的免疫应答是有差异的，因而，应将猪群健康状况调整到最佳状态；第三，对疫苗要进行逐瓶检查，不能用无瓶签、保存不当及失效的疫苗，疫苗用法、用量严格按说明书进行；第四，备齐足够的机械、消毒药品及人员。

**3. 免疫程序** 猪场的免疫程序详列于表 8-1，供参考。

**表 8-1 猪场免疫程序**

| 病 名 | 种 猪 | 仔 猪 | 商品猪 |
|---|---|---|---|
| 猪瘟 | 公猪每年春、秋猪瘟兔化弱毒苗各免疫 1 次，母猪每年春、秋季以猪瘟兔化弱毒苗各免疫接种 1 次或产前 30 天免疫接种 1 次 | 20 日龄及 70 日龄各以猪瘟兔化弱毒苗免疫接种 1 次；也有在仔猪出生后未吮初乳前用猪瘟兔化弱毒苗免疫接种 1 次，接种后 2 小时可哺乳，于 70 日龄加强免疫 1 次。正常的猪场，可在 50 日龄时，用猪瘟、猪丹毒、猪肺疫三联苗进行免疫接种 1 次 | 免疫接种 1 次 |

续表 8-1

| 病名 | 种猪 | 仔猪 | 商品猪 |
| --- | --- | --- | --- |
| 猪丹毒、猪肺疫 | 春、秋两季分别用猪丹毒、猪肺疫疫苗各免疫接种1次 | 正常的猪场，仔猪在50～70日龄时，可用猪丹毒、猪肺疫单苗或猪瘟、猪丹毒、猪肺疫三联苗或猪丹毒、猪肺疫二联苗免疫接种1次 | |
| 仔猪大肠杆菌病 | 妊娠母猪于产前40～42天和15～20天用大肠杆菌腹泻菌苗($K_{88}$、$K_{99}$、987p)分别免疫接种1次 | 仔猪通过初乳抗体获得被动免疫 | |
| 猪乙型脑炎 | 在蚊蝇季节到来前(约4～5月份)用乙型脑炎疫苗对100日龄至初配的公、母猪进行免疫接种1次 | | |
| 猪细小病毒感染 | 每年用猪细小病毒疫苗免疫接种1次 | | |
| 猪口蹄疫 | 25千克以上的猪，用O型口蹄疫灭活苗每6个月免疫接种1次 | | |
| 猪流行性腹泻及猪传染性胃肠炎 | 母猪产前15～30天，分别以猪流行性腹泻疫苗或猪传染性胃肠炎疫苗免疫接种1次，也可用猪流行性腹泻及猪传染性胃肠炎二联苗免疫接种 | 猪流行性腹泻疫苗或猪传染性胃肠炎疫苗免疫接种1次，也可用猪流行性腹泻及猪传染性胃肠炎二联苗免疫接种 | |

对于猪支原体肺炎、仔猪副伤寒、猪链球菌病、仔猪红痢、猪萎缩性鼻炎及猪伪狂犬病等疫苗的使用，可根据不同猪场的具体情况选择。

以上为常规免疫，非常规免疫有超前免疫和倍量免疫。超前免疫是指猪场条件较差或者曾发生过传染病，为保险起见，小猪出生后吃乳之前注射猪瘟疫苗。倍量免疫是在邻近猪场发生了传染病（主要指猪瘟），甚至本场已发现了传染病，而采取以 2 倍量或 3 倍量，甚至 4 倍量的疫苗进行免疫，可取得良好效果。

**4. 接种疫苗后注意事项** 预防接种后，有的疫苗对猪只可产生局部的或全身的反应，但不应有不良的剧烈的反应。若有剧烈的反应，必须查明原因，如疫苗质量、接种量、接种技术和途径等等，以作借鉴。

**5. 免疫失败的原因分析** 在对猪进行免疫接种疫苗后，有时仍不能控制传染病的流行，即发生了免疫失败，引起免疫失败主要有以下几个方面的原因。

①猪本身的免疫功能失常 免疫接种后不能刺激猪体产生特异性抗体。

②母源抗体的干扰 母源抗体能干扰疫苗的抗原性，因此在使用疫苗前，应该充分考虑猪体内的母源抗体水平，必要时要进行检测，避免这种干扰。

③免疫接种不及时 没有按规定免疫程序进行免疫接种，使免疫接种后达不到所要求的免疫效果。

④猪已患病 猪正在患病，使用抗生素或免疫抑制药物进行治疗，此时免疫接种往往造成抗原受损或免疫抑制。

⑤方法不当 疫苗在采购、运输、保存过程中方法不当，使疫苗本身的效能受损；或在免疫接种过程中疫苗没有保管

好，或操作不严格，或疫苗接种量不足。

总之，免疫失败原因很多，要进行全面的检查和分析，为防止免疫失败，最重要的是做到正确使用疫苗及严格按免疫程序进行免疫。

**6. 药物配合防治措施** 药物防治在于预防或减少传染病或寄生虫病的发生。一个猪场可能发生疫病的种类很多，许多疾病目前已有有效的疫苗（如猪瘟、猪丹毒、猪流行性腹泻等），但有些疾病虽有疫苗（如大肠杆菌病、猪气喘病等），但实际应用上还存在一些问题。因此，药物防治无疑是一种重要的辅助手段。

## （三）建立恶性传染病应急预案

当猪群发生传染病时，应尽快做出诊断，明确传染病性质，立即采取应急措施，包括：隔离、封锁、紧急预防和治疗。

**1. 隔离** 隔离措施可根据猪只发病数量而定，若发病猪只少，可剔出病猪隔离到隔离舍或较偏僻的地方。若发病猪只多，则可剔出健康猪进行隔离，发病猪留在原猪舍。有条件的猪场，最好在猪只发病过程能将患病猪、疑似患病猪、假定健康猪分别分开，以便于观察、治疗和处理。一旦病性确定，对假定健康猪可进行紧急预防接种。隔离猪群要专人饲养，饲养管理用具要专用，人员不要互相“串门”。根据该种传染病潜伏期的长短，经一定时间观察不再发病后，经过消毒后解除隔离。

**2. 封锁** 封锁是针对传染源、传播途径、易感动物群三个环节采取的相应措施。在发生及流行某些危害性大的烈性传染病时（如暴发一类传染病），应立即报告当地政府部门，划定疫区范围进行封锁。封锁根据该疫病流行情况和流行规律，按“早、快、严、小”的原则进行。在实施封锁时，要做到：①禁止易感动物进出封锁区，对必须通过封锁区的车辆和人员进行消毒；②对患病动物进行隔离、治疗、急宰或扑杀，对污染的饲料、用具、畜舍、垫草、饲养场地、粪便、环境等进行严格消毒。动物尸体应深埋、销毁或化制。未发病动物及时进行紧急预防。③对疫区周围威胁区之易感动物进行紧急预防，建立免疫带。

封锁的解除，应在最后1头患病动物痊愈、急宰或扑杀后，根据该病的潜伏期，再无新病例发生时，经过全面消毒后，报请原封锁机关解除封锁。

**3. 紧急预防和治疗** 一旦发生传染病，在查清疾病性质之后，除按传染病控制原则进行诸如检疫、隔离、封锁、消毒等处理外，对疑似病猪及假定健康猪可采用紧急预防接种，预防接种可应用疫苗，也可应用抗血清。为使被接种猪能较快产生免疫力，在接种时疫苗可适当加大剂量，接种后对猪只应加强观察，一般讲，猪只若未潜伏感染，通过紧急预防接种，能产生良好的免疫力。对有治愈希望的病猪，应及时进行治疗，以减少经济损失。治疗可根据病性来选择药物。一般分为特异性疗法、抗生素疗法和化学疗法。特异性疗法系应用针对某种传染病的高免血清（抗血清）或痊愈血清（或全血）等特异性生物制品进行治疗。抗生素疗法，应选用对病原体最敏感的药物，有条件最好做一下药敏试验，如革兰氏阳性菌可选用青霉素和四环素类，革兰氏阴性菌可选用链霉素、氯霉素。在应用抗生素治疗时，药物剂量要足，特别是起始剂量要大，但又不能滥用。化学疗法最常用的药物是磺胺类药物、抗菌增效剂及硝基呋喃类药物。磺胺类药可抑制多数革兰氏阳性菌和部分革兰氏阴性菌，而且对某些原虫（如弓形虫）亦有较好防治作用，其与抗菌增效剂联合使用，效果更佳。硝基呋喃类药物对多种革兰氏阴性和阳性细菌有颉颃作用，这类药物性质比较稳定，多数细菌对其不易产生耐药性。

**4. 淘汰病畜** 淘汰病畜，也是控制和扑灭疫病的重要措施之一。某些传染病，尤其是病毒性传染病，迄今尚无良好的治疗药物；有一些病，虽然有药物可以治疗、但疗效不够理想，或治疗需要很长的时间，在治疗上所花费的费用要超过猪本身的价值，或对周围人、畜有严重的传染威胁时，可以淘汰宰杀病畜。

在一个地区，发现过去从未发生过的危害性较大的传染病时，为了防止疫病蔓延和扩散，也应果断地淘汰病猪。病猪的淘汰，应该严格遵循在严密消毒的情况下进行。切防由于淘汰宰杀过程处理、消毒不够严密，反而造成疫病扩散的后果。

### （四）药物防治

对猪病必须综合诊断，对症下药，决不能凭单一症状给药，且不宜长期使用一种药，以免产生抗药性。用药时要仔细阅读产品说明书，不盲目加大或减少剂量。

**1. 用药方法** 不同目的的用药，其方法不同，所用药物的种类不同，用量范围也不同。

（1）防治技术用药 在兽医防治技术上，一些传染病或寄生虫病对某些药物敏感，疗效佳（如猪丹毒，对青霉素敏感，弓形虫病，对磺胺类药敏感），但在总体上考虑群体防治无疑是一个好的途径。比如防治猪沙门氏菌病、大肠杆菌病、猪萎缩性鼻炎等，将药物拌入饲料或饮水中喂服，是可取的。常用药物及其比例是：呋喃唑酮类预防量为0.01%～0.02%，治疗量为0.03%～0.04%；磺胺类药物，预防量为0.1%～0.2%，治疗量为0.2%～0.5%；四环素族抗生素，预防量为0.01%～0.03%，治疗量为0.05%。一般连用5～7天，也可酌情延长。也可在饲料中加土霉素、链霉素等药物，预防猪气喘病。

**(2)临床治疗用药** 在兽医临床治疗上，注意使用抗菌增效剂，它与磺胺类药并用，可增强疗效，与一些抗生素(如四环素、庆大霉素)合用，能起到协同作用。目前最常用的抗菌增效剂有三甲氧苄氨嘧啶(TMP)和二甲氧苄氨嘧啶(DVD，又称敌菌净)。比如对猪弓形虫病的治疗，应用复方磺胺嘧啶(SD)或复方新诺明(SMZ)加上TMP，临床治疗效果满意。

猪肠道感染多见。近几年，防治肠道感染的药物也增多、主要有痢菌净、氟哌酸(诺氟沙星及其衍生物恩诺沙星、乳酸环丙沙星)、吡哌酸、喹乙醇等，这些药物抗菌谱广，抗菌活性强。喹乙醇还是很好的饲料添加剂，可提高瘦肉生长率。

**(3)饲料添加剂用药** 在饲料添加剂中加中草药以及微生态制剂(如促菌生、调痢生等)，增强抗感染，是药物预防疾病的新途径，已成为共识。

迄今，对病毒病的治疗，还没有太大的进展，因此，药物防治主要是针对细菌性和寄生虫性的(包括驱虫药)，猪场的兽医应该根据猪场现实检疫和诊断情况，选择药物，使之获得最佳防治效果。

**2. 用药注意事项** 用药时应注意兽药质量、辨别真伪，要疗程合理、给药正确，遵守使用抗菌药的原则。

**(1)辨别真伪** 要重视对兽药质量的鉴别，谨防买进伪劣兽药。购买兽药时要看内、外包装是否印制有标签和“兽用”字样的标志。在标签或说明书上是否印制有商标、兽药名称、规格、生产企业名称、产品生产批号和省、部级有关部门审批的兽药“批准文号”。

要注意看说明书上是否写明兽药的主要成分、含量、作用、作用原理、使用方法、使用量、生产日期、有效期、贮存方法、禁忌以及注意事项等内容。特别要注意主要成分栏是否是中文，国家已明文规定主要成分不能用分子式或分子量以及外文来标示。说明书的正确编写格式已于2004年3月1日后统一实施。

**（2）给药与疗程** 抗菌药对于急性感染一般要用药3～5天，每天2次或3次，才能看到其效果，若无效时才考虑加药或换药。每天每次药物的使用间隔时间最好以24小时来平均计算，克服白天间隔短，夜晚间隔过长，以保证药物在猪体内持续的作用时间，从而使疾病快速好转。

**（3）使用抗菌药原则** 要掌握好抗菌药的使用原则，才有利于疾病的治愈。

①一般原则 一般原则是能用窄谱不用广谱，能用低级不用高级，能用一种不用多种，能用兽药不用人药。抗菌药不是越新越好，越贵越好，要根据病情选择。

合理使用抗菌药，不盲目联用。药物的联合应用在某些情况下（主要指为了取得协同作用、抵消毒副作用、延缓耐药性的产生等）是必要的。但药物种类繁多，性质各异，药物联用后往往并不是各起作用互不影响，而是在药理和理化方面产生相互作用，以致可能引起各种不良反应，可使药效对抗，性能减弱，毒副作用加强等。如临床上用磺胺类药的钠盐注射液稀释青霉素G钾（或钠），会破坏青霉素的抗菌结构，故最好是分别注射。

②综合治疗原则 注重综合治疗原则，以期确保和提高

疗效。在临床上要根据疾病的发生、发展情况，采取适当综合治疗措施。在临床上所用的抗菌药物多为抑菌药，能为机体消灭细菌创造一定的条件，为取得更好的治疗效果，要采取适当的辅助治疗措施。如治疗仔猪黄、白痢病，该病是由致病性大甩手杆菌所致，使肠道黏膜发炎，液体分泌增加，导致仔猪拉黄色、灰白色稀粪。治疗时除肌注肠道抗菌消炎药外，应结合口服补液、皮下或交巢穴注射适量的硫酸阿托品注射液，可松弛肠道平滑肌，减缓肠道黏膜分泌液体，使稀粪变成条状软粪。又如猪传染性腹泻，治疗时除应用相应的抗菌类药及补液调节酸碱平衡外，同时应用山莨菪碱(654-2)或东莨菪碱，可提高疗效，缩短疗程，加速康复，降低死亡率。用链霉素治疗尿道感染时，加服碳酸氢钠，使尿 pH 值维持在 7.5 左右，疗效更好。口服庆大霉素时，剂量减少到 1/5 就显效果。

# 第九章　猪场经营分析

## 一、农村猪场经营管理上的误区

一些农村养猪场，由于对猪场设计规模与经营规模关系的认识不足而产生误区。主要是找不到，也不会找保本产量，即在什么情况下猪场既不亏损也不盈利。这也是农民养猪在猪场经营中的薄弱环节。

## 二、猪场经营分析方法

### （一）线性平衡点分析法

线性平衡点分析法，也叫盈亏转折分析。通过测算猪场生产上的损益平衡点，来考察分析猪场承担风险能力的方法。

所谓损益平衡点，是指猪场在正常生产条件下，猪场的收入等于支出的产品量的结合点。在这一点上，猪场既不盈利，也不亏损。如果低于这一点所对应的生产水平，那么猪场就会发生亏损，反之则会获得盈利。

线性损益平衡分析方法比较简单，具有较大的实用性，但其应用要满足一定的前提条件：其一，猪场分析期的产量等于其销售量，即假定其生产的全部产品都能销售出去；其二，猪场的可变成本与产销量呈正比例变化；其三，猪场分析期内的固定成本总额不随产销量的变化而改变；其四，猪场的销售收入是销售量的线性函数；其五，猪场所生产各类产品的组合在一定时期内保持不变。

**1. 固定成本、可变成本和产品单价** 保本产量取决于固定成本、可变成本及产品单价之间的比例关系。

**(1)固定成本** 固定成本是指固定资产的折旧费、修理费、固定人员的工资及福利的总和。

①固定资产与固定资金 固定资产是指价值在500元以上、使用期在一年以上的资产，两个条件缺一不可。固定资金则是固定资产的货币表现。固定资产通过固定资金进行核算。

②固定资产的计价 固定资产的计价方法有三种：其一，原始价值。指建造或购置固定资产所付出的一切代价。建造的固定资产的原始价值包括：材料费、材料的采购费及其运输费、图纸设计费、建造费、附属设备(水、暖、电等)费及其安装费等；并不是单指固定资产本身的价格。其二，重置价值。指重新购置原有价值固定资产所付出的一切代价(以现行价值计算)。其三，残值。固定资产失去使用价值后的剩余价值，国家规定固定资产的残值率为5%。

③固定资产的折旧 固定资产折旧分为两种：基本折旧和大修理折旧。基本折旧是指，为固定资产的更新而提取的折旧；大修理折旧是指，为支付大修理所提取的。计算固定资产折旧，一般采用使用年限法和工作量法两种。通常采用使用年限法。

$$\text{固定资产年基本折旧额}=\frac{\text{原始价值}-\text{预计残值}+\text{预计清理费用}}{\text{使用年限}}$$

各类固定资产的使用年限，财政部有统一规定。如机械设备为 10～14 年，运输设备为 6～12 年，生产用房为 30～40 年，简易用房 8～10 年等。其中清理费用是指将资产失去使用价值后的固定资产清理掉，清理过程中所发生的一切费用。

$$固定资产年大修理折旧额=\frac{使用年内大修理次数\times 每次大修理费用}{使用年限}$$

财政部对固定资产的大修理折旧费用也有规定，建筑类固定资产按原值的 2%计提，设备类固定资产按原值的 3%计提，车辆类固定资产按原值的 3%计提。

④固定人员的工资和福利　农民养猪场的固定人员一般指长期聘用的经理、场长、会计、统计、技术员、电工等，工资由双方商定，福利费则按工资总额的 14%计提。

**(2)可变成本与单位可变成本**　可变成本是指除固定成本之外成本的总和，单位可变成本则是分摊在单位产品的用于该产品生产的平均可变成本。可变成本主要包括：饲料、固定人员以外人员（生产人员、勤杂人员等）的工资和福利、医药费、燃料和动力等费用。其中饲料费用占得比例最高。

各种产品可变成本的计算方法如下。

①基本猪群的产品可变成本核算　基本猪群的主产品为母猪繁殖的仔猪，其副产品为厩肥、猪鬃等。对副产品按市场价格确定其价值后，再从全部饲养费用中减去副产品的价值，即为主产品的总可变成本。

求得基本猪群主产品的总可变成本后，即可按照一定的计算方法分别计算出仔猪出生活重和出生后 35 日龄内（目前大多数猪场采用 35 日龄断奶）增重的单位可变成本以及仔猪的活重单位可变成本。计算公式为：

$$\text{仔猪35日龄增重单位可变成本}=\frac{\text{基本猪群全部饲养费用}-\text{副产品价值}}{\text{出生活重}+\text{出生后35天的增重}}$$

$$\text{仔猪活重单位可变成本}=\frac{\text{期初仔猪价值}+\text{基本猪群饲养费用}-\text{副产品价值}}{\text{期末存栏活重}+\text{期内离群活重(不包括死畜)}}$$

求出仔猪活重单位可变成本以后，即可分别计算出断奶仔猪和期末结存未断奶仔猪的总可变成本和每头猪的平均可变成本。计算公式为：

$$\text{断奶或未断奶仔猪的总可变成本}=\text{断奶或未断奶仔猪的总活重}\times\text{仔猪活重单位可变成本}$$

$$\text{每头断奶猪(或未断奶猪)平均可变成本}=\frac{\text{断奶猪(或未断奶猪)总可变成本}}{\text{断奶猪(或未断奶猪)头数}}$$

②幼猪、肥育猪的产品成本核算　幼猪和肥育猪的主要产品是增重量。其副产品为厩肥、猪鬃。幼猪和肥育猪可以计算增重单位成本和活重单位成本。计算公式为：

$$\text{幼猪(肥育猪)增重单位可变成本}=\frac{\text{畜群饲养费用}-\text{副产品价值}}{\text{畜群增重量}}$$

$$\text{幼猪或肥育猪活重单位可变成本}=\frac{\text{期初活重可变成本}+\text{本期该群饲养费用}+\text{购入转入价值}-\text{死畜残值}}{\text{期末存栏活重}+\text{期内离群活重(不包括死畜)}}$$

计算出某猪群的活重单位可变成本后，即可分别计算出本期转出、售出和期末存栏猪的全部活重可变成本。其计算公式为：

$$\text{本期离群幼猪或肥育猪的活重总可变成本}=\text{本期离群活重(不包括死猪活重)}\times\text{该群活重单位可变成本}$$

$$\frac{期末存栏幼猪或肥}{育猪的活重总可变成本}=\frac{期末该群}{存栏活重}\times\frac{该群活重}{单位可变成本}$$

在公式中的副产品价值是指猪排出的粪肥的价值。在估价时，种猪的副产品价值按每头 60 元计，肥育猪的副产品价值按每头 30 元计，哺乳仔猪的副产品价值可忽略不计。

**（3）产品单价** 一般为单位产品的现行价格。也可采用计划期内的预估价格的 80%～90%，以减少预估价格导致的风险。

**2. 保本产量的计算** 保本产量的计算也就是确定损益平衡点。

设：R 为产品销售总收入，$Y_1$ 为产品生产总成本，Q 为产品销量，F 为产品固定成本总额，V 为单位产品可变成本，P 为单位产品销售价格。则有：

$R=P\cdot Q$（总收入＝产品价格×产品数量）

$Y_1=F+VQ$（总成本＝固定成本＋单位产品可变成本×产品数量）

根据收入等于支出（损益平衡）的原理，可推导出损益平衡产品量（也叫保本产量）$Q_E$ 的公式：$Q_E=\frac{F}{P-V}$

即，$平衡产量=\frac{固定成本}{产品单价-单位可变成本}$

为了直观地看出这种关系，绘制盈亏平衡点分析图见图 9-1。

由图看出损益平衡的定义：当 $R=Y_1$，即总收入直线 R（OD）与总成本直线 $Y_1$（AC）交于 B 点，B 点则称为损益平衡点，E 点所对应的产品量 $Q_E$ 为损益平衡产品量（或保本产量）。表明一个猪场至少应生产这么多产品，否则就会亏本。

**3. 目标利润与产品量的确定** 在产品量大于保本产量

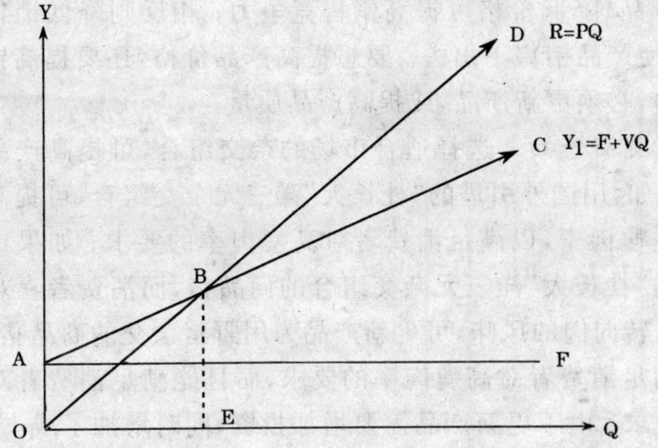


**图 9-1 盈亏平衡点分析图**

的情况下才会有利润。也就是说，利润的获得是大于保本产量的那部分产品量产生的。因而，目标利润主要受最大产品量（规模产品量）限制，不能想定多大就定多大。设目标利润为 U，目标利润产品量为 $Q_U$，则可用如下公式计算：

$$Q_U=\frac{F+U}{P-V}$$

也可直接计算达到目标利润需要增加的产品量（△Q）：

$\Delta Q=Q_U-Q_E$

**4. 提高目标利润的途径** 将上述公式变形，则得到：

$U=Q_UP-Q_UV-F$，即目标利润＝总收入－可变成本－固定成本

从上式可看出，在目标利润产品量 $Q_U$ 不变的情况下，目标利润的大小受价格 P、单位可变成本 V、固定成本 P 三个因素的影响。提高产品价格、降低单位可变成本、减少固定成本都可提高目标利润，这就是提高目标利润的三条途径。

**（1）提高产品价格** 产品价格影响销售。一般情况下，同

样的产品，降低价格可提高销售竞争力；相反则降低销售竞争力，使产品销售不出去。要想提高产品价格，还要提高销售竞争力，必须更新产品，或提高产品质量。

①更新产品　选择适合市场的杂交组合，可提高产品价格。比如，用国外引进的“杜长大”洋三元杂交组合，可提高猪的胴体瘦肉率，以满足消费者对高瘦肉率的要求；如果市场上都是“杜长大”洋三元杂交组合的商品猪，而消费者喜欢的目标已转向肉的风味，可更新产品为用野猪杂交的商品猪，不但能满足消费者对高瘦肉率的要求，而且能满足消费者对风味的要求。由于更新产品需要增加投资，同时增加了成本，还应测算通过更新产品来提高产品价格后所获得的利润是否能超过增加投资部分，即更新产品是否值得。猪产品不同于工业产品，产品的更新不可能经常进行。所以，在一定情况下或一定范围内可采用更新产品的方法来提高产品价格。

②提高产品质量　更新产品本身也包含提高产品质量问题，胴体瘦肉率、肉的风味都反映产品质量。这里的提高产品质量，是指在同样杂交组合下的商品猪提高产品质量的问题。比如，用无公害饲料饲养的无公害商品猪，用青草、青贮饲料饲养的“绿色”商品猪等，在市场上有很强的销售竞争力，而且价格较高。用饭店剩菜剩饭直接喂猪生产的“垃圾猪”、用人或畜禽粪便直接喂猪生产的“粪猪”，都不符合国家商品猪的基本要求，已被杜绝生产。

**（2）降低单位可变成本**　通过降低单位可变成本来提高目标利润，确实大有文章可做，大有潜力可挖。主要包括技术措施和管理手段两个方面。

①技术措施　降低单位可变成本的技术措施主要有三条：其一，提高繁殖率。必须经常保持合理的营养、运动和配

种频率，利用三者之间的平衡，提高种公猪的配种效率；熟悉掌握母猪的发情规律，认真观察发情，根据前述发情表现，确定最佳配种时间，实现适时配种；控制妊娠母猪的饲喂量、运动量，减少死胎；加强仔猪管理，提高仔猪的成活率等。其二，采用人工授精减少种公猪数量。人工授精是一种先进技术。本交的公、母比为1∶20～30，而人工授精则为1∶400～2 000。如果全部采用人工授精代替本交，则种公猪的数量至少减少 95%。每减少 1 头种公猪，每年可节约费用 1 000 元左右。其三，提高增重速度。提高增重速度可减少维持营养消耗，一般情况下可降低成本，但也要考虑所采取措施的投入费用的大小。一般来说，合理使用添加剂的投入费用较小，作用效果显著，因而是降低成本的有效措施之一；采用敌百虫(0.2%)驱除体内外的寄生虫，即使在没有寄生虫的情况下，也可提高增重速度；使用人工盐可提高猪的食欲，提高采食量，提高增重速度；充足饮水(最好用自动饮水)、合理调换圈舍(肥育期间调换 2～3 次)等技术都可提高增重速度，以降低成本。

②管理手段　降低单位可变成本的管理手段主要有六条：其一，利用非常规饲料降低成本。小型养猪场的养猪生产，可充分合理地开发和利用非常规饲料，降低成本，提高经济效益。非常规饲料主要包括青绿多汁饲料、青贮饲料、青干草和草粉、制药厂副产品、昆虫饲料等，不同非常规饲料的加工与利用方法不同，其饲养效果也不同，降低成本的程度不同。其二，控制环境。合理的环境温度(18℃～22℃)可提高生长速度，降低成本，提高经济效益。夏天防暑降温，降温措施一般有洒水、洗浴、搭凉棚、通风等；冬季要搞好防寒保温工作，防止母猪感冒发烧造成胚胎死亡或流产。其三，减少人

员开支。采用经济手段(激励机制)提高劳动效率,减少生产人员,并适当压缩非生产人员。其四,节约生产资料开支。制定合理采购生产资料计划,在满足生产需要的前提下,尽量避免积压生产资料引起的资金浪费;预测饲料市场,决定饲料的储备量,也是节约生产资料开支的重要途径。其五,及时清理债务。及时清理债务、加快资金周转是降低单位可变成本极其重要的一环,避免延长结算资金造成的经济损失。其六,减少浪费。堵塞各种漏洞,减少各种浪费;把好会计关,避免贪污、腐败。

**(3)减少固定成本** 减少固定成本主要有两条途径:即将不需用的固定资产出售或租赁出去。当然,在满负荷生产情况下,一般没有固定资产可出售或租赁,那么进一步提高目标利润的途径只能是通过提高产品价格、降低单位可变成本两个方面了。

### (二)因素分析法

因素分析法是寻找对某项综合经济指标影响因素中的主导因素的分析方法,有利于有目的地采取有效措施,扬长避短,提高猪场经济效益。

因素分析法有连环替代法和差额计算法两种,两者的分析结果一致,结论相同。差额计算法是连环替代法的改进,但常用连环替代法,因为,连环替代法较差额计算法在运算过程中更为直观。

**1. 连环替代法** 连环替代法是在比较分析所确定的差异的基础上,先确定影响某一经济指标的诸因素,并加以排列;再按顺序假定一个因素变动,其他因素不变,依次逐个因素进行替代,测定各因素对该经济指标的影响程度。这种方法是经济活动分析或财务分析中常用的方法。

**(1)计算程序**　连环替代法的计算程序可分为以下四步。

第一步,确定被分析的经济指标是由哪些因素组成,并按照其依从顺序,以乘法关系列成算式。

第二步,按顺序以实际数逐一代替计划数值,并分别计算出结果,直到全部替代(有几个因素替换几次),计算出每个算式的结果。

第三步,将后一算式的结果减去前一个算式的结果,得出的差值就是后一算式中替换的因素对被分析指标的影响程度。

第四步,最后将多因素对被分析指标的影响程度的差值相加,即为总的差异数。

**(2)基本要点**　连环替代法的计算有以下四个要点。

其一,由综合经济指标分解得到的这些因素,必须肯定是造成这个综合经济指标变化的内在原因。

其二,分析某一因素变动引起经济指标变化的影响程度时,必须假设其他因素不变,以便消除其他因素的影响。

其三,各因素对经济指标变化的影响必须按依从关系排列算式,顺序连环地一个一个地计算。

其四,累加的差值必须等于计划总值与实际总值的差。

**(3)计算示例**　由于肥育猪的饲料费用占生产总成本的70%左右,所以某猪场每年特别注意肥育猪的饲料费用这一综合经济指标的分析,并确定了影响肥育猪的饲料费用的因素及依从关系,2003 年的情况见表 9-1。用连环替代法求出主导因素并指出下一步工作重点。

表 9-1 某猪场 2003 年计划生产与实际生产比较

| 项目 | 母猪数（头） | 受胎率（%） | 年平均产仔数（头） | 肥育率（%） | 出栏猪活重（千克/头） | 增重耗料*（千克/千克） | 饲料价格（元/千克） |
|---|---|---|---|---|---|---|---|
| 计划 | 100 | 85 | 16 | 95 | 110 | 4 | 1.2 |
| 实际 | 120 | 85 | 18 | 92 | 95 | 3.4 | 1.4 |

*增重耗料中包括分摊的种猪料

①根据表 9-1 的数据及连环替代法要求列出算式　由于因素较多，所以将已替代因素数值的下方划线（实际数值），以避免在替代过程中造成数字混乱。替代过程如下：

计划　　100×85%×16×95%×110×4.0×1.2
=682176 …………………………… ①

母猪数　　120×85%×16×95%×110×4.0×1.2
=818611 …………………………… ②

受胎率　　120×85%×16×95%×110×4.0×1.2
=818611 …………………………… ③

产仔数　　120×85%×18×95%×110×4.0×1.2
=920938 …………………………… ④

肥育率　　120×85%×18×92%×110×4.0×1.2
=891855 …………………………… ⑤

出栏猪活重　　120×85%×18×92%×95×4.0×1.2
=770239 …………………………… ⑥

增重耗料　　120×85%×18×92%×95×3.4×1.2
=654703 …………………………… ⑦

饲料价格　　120×85%×18×92%×95×3.4×1.4
=763820 …………………………… ⑧

②计算各因素引起饲料费用的程度　将该因素替代后的计算结果减去前面的计算结果，计算各因素对饲料费用的影

响程度，计算如下：

母猪数　②－①＝818611-682176＝＋136435(元)

受胎率　③－②＝818611－818611＝0(元)

产仔数　④－③＝920938－818611＝＋102327(元)

肥育率　⑤－④＝891855－920938＝－29083(元)

出栏猪活重　⑥－⑤＝770239－891855＝－121616(元)

增重耗料　⑦－⑥＝654703－770239＝－115536(元)

饲料价格　⑧－⑦＝763820－654703＝＋109117(元)

合计＋81644(元)

由上面的计算可看出，其中使费用增加的因素为母猪数、产仔数、饲料价格；其中使费用减少的因素为肥育率、出栏猪活重、增重耗料；受胎率因素没有引起饲料费用变动。比如，由于母猪数的增加，扩大了猪群，使饲料费用增加了136435元。

③验证　往往由于因素较多，计算数据太多，导致计算上的失误，所以，将各因素的影响程度相加，同计划费用与实际费用的总差异进行比较，二者应一致，否则则计算有错误。

总差异＝实际费用－计划费用＝763820－682176＝81644(元)

等于各因素影响程度的合计总值，说明计算没有错误。

④确定主导因素　确定主导因素时，并不考虑数值的正负，而是比较数值绝对值的大小，将绝对值最大的因素确定为主导因素。由计算结果可知，绝对值最大的影响因素是母猪数，即影响饲料费用变动的主导因素是母猪数。依次是出栏猪活重、增重耗料。

如果影响较大的几个因素变动，对综合经济指标影响的程度很接近，都可以看作主导因素。

**2. 差额计算法** 差额计算法是利用各因素的实际数值与计划目标数值的差额，按照一定顺序，直接计算各因素变动对综合指标的影响程度的一种方法，是连环替代法的简化形式。差额计算法的基本步骤是：

第一步，与连环替代法一样，将综合指标分解为几个变动因素。

第二步，按因素间依从顺序关系列出计划数值和实际数值。

第三步，计算各因素实际数值和计划数值的差额值，即实际数值和计划数值的差异。

第四步，直接代入差额值计算该因素变动对综合指标的影响程度。

第五步，比较因素间的影响程度(绝对值)，判断主导因素。

假定，某猪场去年计划与实际出栏猪的收入有较大差异，考虑影响因素有母猪数、受胎率、窝产仔数、年产窝数、肥育率、出栏体重、生猪价格 7 个，按依从顺序排列如表 9-2，用差额计算分析法分析各因素对出栏猪的收入总指标的影响程度，以及探索影响出栏猪收入的主导因素。

**表 9-2 某猪场出栏收入因素分析**

| 项 目 | 单 位 | 计划期 | 实际期 | 差 异 |
|---|---|---|---|---|
| 母猪数 | 头 | 100 | 98 | −2 |
| 受胎率 | % | 90 | 95 | +5 |
| 窝产仔数 | 头 | 10 | 9 | −1 |
| 年产窝数 | 窝 | 2 | 2.3 | +0.3 |
| 肥育率 | % | 85 | 95 | +10 |
| 出栏体重 | 千克 | 90 | 110 | +20 |
| 生猪价格 | 元/千克 | 6.2 | 8.2 | +2 |

用差额计算法对表 9-2 的数据进行因素分析，是直接代入差异的计算：

母猪数因素影响＝(－2)×0.90×10×2×0.85×90×6.2＝－17074.8(元)

受胎率因素影响＝98×(＋0.05)×10×2×0.85×90×6.2＝＋46481.4(元)

产仔因素影响＝98×0.95×(－1)×2×0.85×90×6.2＝－88314.7(元)

窝数因素影响＝98×0.95×9×(＋0.3)×0.85×90×6.2＝＋119224.8(元)

肥育率因素影响＝98×0.95×9×2.3×(＋0.1)×90×6.2＝＋107536.1(元)

体重因素影响＝98×0.95×9×2.3×0.95×(＋20)×6.2＝＋227020.6(元)

价格因素影响＝98×0.95×9×2.3×0.95×110×(＋2)＝＋402778.5(元)

与连环替代法一样，在比较各因素对出栏猪的收入总指标的影响程度时，只考虑绝对值，而不考虑数值的符号。符号的意义是根据具体分析的内容而确定的，这里符号的意义在于正值表示有利影响。分析结果表明，价格因素影响最大，为影响出栏猪收入的主导因素，体重因素居次，窝数因素、肥育率因素并立第三，母猪数因素影响最小。因而必须对价格因素加强预测，以使今后的生产处于有利地位。

**3. 差比直接判断法** 这是笔者自创的一种判断方法。基本步骤是：

第一步，与差额计算法一样，将综合指标分解为几个可变因素，按因素间依从顺序关系列出计划数值和实际数值，并计算各因素计划数与实际数的差异数；

第二步，计算各因素差异数与计划数之百分比；

第三步，比较因素间百分比绝对值的大小，借以判断主导因素；

第四步，按各因素百分比绝对值的大小进行排队编号。

还以上述某猪场出栏收入因素分析为例，按基本步骤进行计算，结果见表 9-3。

**表 9-3　某猪场出栏收入因素分析**

| 项　目 | 单　位 | 计划期 | 实际期 | 差　异 | 差　比 | 排　位 |
|---|---|---|---|---|---|---|
| 母猪数 | 头 | 100 | 98 | −2 | −0.02 | 7 |
| 受胎率 | % | 90 | 95 | +5 | +0.06 | 6 |
| 窝产仔数 | 头 | 10 | 9 | −1 | −0.10 | 5 |
| 年产窝数 | 窝 | 2 | 2.3 | +0.3 | +0.15 | 3 |
| 肥育率 | % | 85 | 95 | +10 | +0.12 | 4 |
| 出栏体重 | 千克 | 90 | 110 | +20 | +0.22 | 2 |
| 生猪价格 | 元/千克 | 6.2 | 8.2 | +2 | +0.32 | 1 |

差比直接判断法的结果与上述差额计算法的判断基本一致，所不同的是，未能计算出影响出栏收入的具体数值。如果是单纯为了判断主导因素和分清各个因素对出栏收入影响的轻重，用差比直接判断法更直观、快捷，是差额计算法基础上的改进。如果一定要了解各因素对出栏猪的收入总指标的影响程度，则需用差额计算法。

# 附录一　生长肥育猪饲粮养分含量

**附表 1-1　兼用型生长肥育猪每千克饲粮养分含量　（中国）**

| 项　　目 | 体重（千克） | | |
|---|---|---|---|
| | 20～35 | 35～60 | 60～90 |
| 预期日增重（克） | 500 | 600 | 700 |
| 日采食风干料量（千克） | 1.43 | 2.11 | 2.80 |
| 消化能（兆焦） | 13.85 | 12.97 | 12.97 |
| 可消化粗蛋白（克） | 131 | 135 | 88 |
| 钙（克） | 5.52 | 5.02 | 4.46 |
| 磷（克） | 4.61 | 4.12 | 3.71 |
| 食盐（克） | 2.10 | 2.09 | 2.14 |

**附表 1-2　瘦肉型生长肥育猪每千克饲粮养分含量　（中国）**

| 项　　目 | 体重（千克） | | |
|---|---|---|---|
| | 10～20 | 20～60 | 60～90 |
| 预期日增重（克） | 420 | 550 | 700 |
| 日采食风干料量（千克） | 0.91 | 1.69 | 2.71 |
| 消化能（兆焦） | 13.85 | 12.97 | 12.97 |
| 粗蛋白（%） | 19 | 16 | 14 |
| 钙（%） | 0.64 | 0.60 | 0.50 |
| 磷（%） | 0.54 | 0.50 | 0.40 |
| 食盐（%） | 0.23 | 0.23 | 0.25 |

**附表 1-3　瘦肉型生长肥育猪每千克饲粮养分含量　(NRC)**

| 项　　目 | 体重(千克) | | |
|---|---|---|---|
| | 20～50 | 50～80 | 80～120 |
| 预期日增重(克) | 420 | 550 | 700 |
| 日采食风干料量(千克) | 1.855 | 2.575 | 3.075 |
| 消化能(兆焦) | 14.24 | 14.24 | 14.24 |
| 粗蛋白(%) | 19.0 | 15.5 | 13.2 |
| 钙(%) | 0.60 | 0.50 | 0.45 |
| 磷(%) | 0.50 | 0.45 | 0.40 |
| 食盐(%) | 0.23 | 0.23 | 0.25 |

# 附录二　猪常用饲料营养成分

**附表 2　猪常用饲料常规营养成分表**

| 饲料类型 | 饲　料 | 干物质（%） | 消化能（兆焦/千克） | 可消化粗蛋白（克/千克） | 粗蛋白（%） | 粗纤维（%） | 钙（克） | 磷（克） |
|---|---|---|---|---|---|---|---|---|
| 籽实类 | | | | | | | | |
| | 玉　米 | 88.0 | 13.83 | 53 | 8.5 | 1.3 | 0.03 | 0.25 |
| | 高　粱 | 87.0 | 13.69 | 44 | 8.5 | 1.5 | 0.07 | 0.11 |
| | 小　麦 | 90.0 | 14.44 | 77 | 12.4 | 6.0 | 0.08 | 0.36 |
| | 稻　谷 | 90.1 | 13.10 | 28 | 7.6 | 9.2 | 0.03 | 0.30 |
| | 大　麦 | 88.8 | 13.18 | 74 | 10.8 | 4.7 | 0.12 | 0.29 |
| | 大　豆 | 90.8 | 11.17 | 256 | 31.7 | 5.1 | 0.27 | 0.48 |
| | 黑　豆 | 91.0 | 13.18 | 300 | 37.9 | 6.7 | 0.27 | 0.52 |
| | 豌　豆 | 88.0 | 13.47 | 195 | 22.6 | 5.9 | 0.13 | 0.48 |
| 糠麸类 | | | | | | | | |
| | 麸　皮 | 87.9 | 10.59 | 90 | 13.5 | 10.4 | 0.22 | 1.00 |
| | 稻米糠 | 86.7 | 11.34 | 60 | 11.6 | 6.4 | 0.06 | 1.58 |
| | 粟　糠 | 92.5 | 4.65 | 22 | 7.0 | 31.9 | 0.37 | 0.61 |
| | 高粱糁 | 85.0 | 14.10 | 58 | 7.9 | 0.6 | 0.01 | 0.19 |
| | 玉米糁 | 87.5 | 10.92 | 58 | 9.9 | 9.5 | 0.08 | 0.48 |

**续附表 2**

| 饲料类型 | 饲　料 | 干物质（%） | 消化能（兆焦/千克） | 可消化粗蛋白（克/千克） | 粗　蛋白（%） | 粗　纤维（%） | 钙（克） | 磷（克） |
|---|---|---|---|---|---|---|---|---|
| 动物蛋白类 | | | | | | | | |
| | 秘鲁鱼粉 | 89.0 | 15.52 | 556 | 60.5 | — | 3.91 | 2.14 |
| | 国产鱼粉 | 89.5 | 14.27 | 439 | 55.1 | — | 4.59 | 2.51 |
| | 血　粉 | 89.3 | 13.93 | 577 | 80.2 | — | 0.23 | 0.23 |
| | 肉骨粉 | 92.4 | 12.05 | 368 | 45.0 | — | 11.0 | 5.90 |
| | 蚕蛹粉 | 89.3 | 14.36 | 650 | 78.8 | — | 1.38 | 0.84 |
| 饼粕类 | | | | | | | | |
| | 豆　饼 | 90.6 | 14.60 | 346 | 43.0 | 5.7 | 0.32 | 0.50 |
| | 豆　粕 | 92.4 | 14.52 | 387 | 47.2 | 5.4 | 0.32 | 0.62 |
| | 菜籽饼 | 88.8 | 11.46 | 304 | 36.2 | 10.9 | 0.85 | 1.02 |
| | 菜籽粕 | 89.8 | 12.59 | — | 41.8 | 10.2 | 0.84 | 0.85 |
| | 花生饼 | 90.0 | 14.48 | 358 | 43.9 | 5.3 | 0.25 | 0.52 |
| | 棉籽饼 | 88.5 | 9.45 | 236 | 24.7 | 15.1 | 0.31 | 0.64 |
| | 棉籽粕 | 91.0 | 11.05 | — | 41.4 | 12.9 | 0.36 | 1.02 |
| | 棉仁饼 | 92.2 | 9.87 | — | 33.8 | 15.1 | 0.31 | 0.64 |
| | 葵籽饼 | 93.8 | 9.96 | 289 | 28.7 | 19.8 | 0.65 | 0.81 |
| | 葵籽粕 | 92.5 | 9.12 | — | 32.1 | 22.8 | 0.40 | 0.84 |
| | 胡麻饼 | 91.1 | 12.59 | 252 | 35.9 | 13.5 | 0.45 | 5.54 |
| | 芝麻饼 | 92.0 | 13.39 | 288 | 39.2 | 7.2 | 2.24 | 1.19 |
| | 胚芽饼 | 91.8 | 13.52 | 131 | 16.8 | 5.5 | 0.04 | 1.48 |
| | 椰子饼 | 91.2 | 11.21 | 197 | 24.7 | 12.9 | 0.04 | 0.06 |

**续附表 2**

| 饲料类型 | 饲　料 | 干物质（%） | 消化能（兆焦/千克） | 可消化粗蛋白（克/千克） | 粗蛋白（%） | 粗纤维（%） | 钙（克） | 磷（克） |
|---|---|---|---|---|---|---|---|---|
| 糟渣类 | | | | | | | | |
| | 玉米酒糟 | 28.0 | 3.35 | — | 4.9 | 4.9 | 0.15 | 0.17 |
| | 高粱酒糟 | 36.3 | 3.85 | — | 7.4 | 6.3 | 0.09 | 0.15 |
| | 甘薯酒糟 | 2160 | 1.63 | — | 3.4 | 4.0 | 0.09 | 0.01 |
| | 啤酒糟 | 25.0 | 2.68 | 23 | 6.9 | 3.8 | 0.09 | 0.12 |
| | 醋　糟 | 25.0 | 2.43 | 69 | 2.4 | 5.3 | 0.06 | 0.03 |
| | 薯类粉渣 | 11.8 | 1.26 | 5 | 2.0 | 1.8 | 0.08 | 0.04 |
| | 豆类粉渣 | 14.0 | 1.22 | 6 | 2.1 | 2.8 | 0.06 | 0.03 |
| | 豆腐渣 | 14.9 | 3.22 | 42 | 0.5 | 5.0 | 0.09 | 0.01 |
| | 甜菜渣 | 12.0 | 1.13 | 6 | 1.2 | 2.4 | 0.06 | 0.01 |
| 青草类 | | | | | | | | |
| | 苜　蓿 | 29.2 | 2.85 | 36 | 5.3 | 10.7 | 0.49 | 0.09 |
| | 草木樨 | 16.4 | 1.42 | 21 | 3.8 | 4.2 | 0.22 | 0.06 |
| | 聚合草 | 12.9 | 1.67 | 22 | 3.2 | 1.3 | — | — |
| | 沙打旺 | 90.2 | 6.43 | — | 17.3 | 22.1 | 3.27 | 0.15 |
| | 牛皮菜 | 11.8 | 1.46 | 19 | 2.8 | 1.7 | — | — |
| | 籽粒苋 | 86.9 | 8.80 | — | 14.5 | 17.7 | 2.08 | 0.21 |
| | 菊　苣 | 86.6 | 5.53 | — | 14.7 | 36.8 | 1.18 | 0.24 |
| | 苦荬菜 | 15.0 | 0.46 | 29 | 4.0 | 1.5 | 0.28 | 0.05 |
| | 水稗草 | 10.0 | 1.17 | 8 | 1.8 | 2.0 | 0.07 | 0.02 |

**续附表 2**

| 饲料类型 | 饲　料 | 干物质（%） | 消化能（兆焦/千克） | 可消化粗蛋白（克/千克） | 粗　蛋白（%） | 粗　纤维（%） | 钙（克） | 磷（克） |
|---|---|---|---|---|---|---|---|---|
| 青贮类 | | | | | | | | |
| | 甘薯藤 | 13.8 | 2.05 | 9 | 1.7 | 4.5 | — | — |
| | 胡萝卜秧 | 19.7 | 2.09 | 20 | 3.1 | 5.7 | 0.35 | 0.03 |
| | 马铃薯秧 | 23.0 | 2.51 | 12 | 2.1 | 6.1 | 0.27 | 0.03 |
| | 青贮玉米 | 23.0 | 2.30 | 16 | 2.8 | 8.0 | 0.18 | 0.05 |
| 矿物质类 | | | | | | | | |
| | 贝壳粉 | | | | | | 143.4 | — |
| | 磷酸钙 | | | | | | 389.0 | 279.1 |
| | 骨　粉 | | | | | | 364.0 | 164.0 |
| | 食　盐 | | | | | | | |

# 附录三　无公害猪饲料中允许使用的添加剂

**附表 3-1　无公害肉猪饲料中允许使用的非药物饲料添加剂**

| 类　别 | 饲料添加剂名称 |
| --- | --- |
| 饲料级氨基酸（7种） | L-赖氨酸盐酸盐，DL-蛋氨酸，DL-羟基蛋氨酸，DL-羟基蛋氨酸钙，N-羟甲基蛋氨酸，L-色氨酸，L-苏氨酸 |
| 饲料级维生素（26种） | β-胡萝卜素，维生素A，维生素A乙酸酯，维生素A棕榈酸酯，维生素$D_3$，维生素E，维生素E乙酸酯，维生素$K_3$（亚硫酸氢钠甲萘醌），二甲基嘧啶醇亚硫酸甲萘醌，维生素$B_1$（盐酸硫胺），维生素$B_2$（核黄素），维生素$B_6$，烟酸，烟酰胺，D-泛酸钙，DL-泛酸钙，叶酸，维生素$B_{12}$（氰钴胺），维生素C（L-抗坏血酸），L-抗坏血酸钙，L-抗坏血酸-2-磷酸酯，D-生物素，氯化胆碱，L-肉碱盐酸盐，肌醇 |
| 饲料级矿物质、微量元素（46种） | 硫酸钠，氯化钠，磷酸二氢钠，磷酸氢二钠，磷酸二氢钾，磷酸氢二钾，碳酸钙，氯化钙，磷酸氢钙，磷酸二氢钙，磷酸三钙，乳酸钙，七水硫酸镁，一水硫酸镁，氧化镁，氯化镁，七水硫酸亚铁，一水硫酸亚铁，三水乳酸亚铁，六水柠檬酸亚铁，富马酸亚铁，甘氨酸铁，蛋氨酸铁，五水硫酸铜，一水硫酸铜，蛋氨酸铜，七水硫酸锌，一水硫酸锌，无水硫酸锌，氧化锌，蛋氨酸锌、一水硫酸锰，氧化锰，碘化钾，碘酸钾，碘酸钙，六水氯化钴，一水氯化钴，亚硒酸钠，酵母铜，酵母铁，酵母锰，酵母硒，吡啶铬，烟酸铬，酵母铬 |

续附表 3-1

| 类别 | 饲料添加剂名称 |
| --- | --- |
| 饲料级酶制剂(12 种) | 蛋白酶(黑曲霉,枯草芽孢杆菌),淀粉酶(地衣芽孢杆菌,黑曲霉),支链淀粉酶(嗜酸乳杆菌),果胶酶(黑曲霉),脂肪酶,纤维素酶(reesei 木霉),麦芽糖酶(枯草芽孢杆菌),木聚糖酶(insolens 腐质霉),β-聚葡萄酶(枯草芽孢杆菌,黑曲霉),甘露聚糖酶(缓慢芽孢杆菌),植酸酶(黑曲霉,米曲霉),葡萄糖氧化酶(青霉) |
| 饲料级微生物添加剂(11 种) | 干酪乳杆菌,植物乳杆菌,粪链球菌,乳酸片球菌,枯草芽孢杆菌,纳豆芽孢杆菌,嗜酸乳杆菌,乳链球菌,啤酒酵母菌,产朊假丝酵母,沼泽红假单胞菌 |
| 抗氧化剂(4 种) | 乙氧基喹啉,二丁基羟基甲苯(BHT),丁基羟基茴香醚(BHA),没食子酸丙酯 |
| 防腐剂,电解质平衡剂(25 种) | 甲酸,甲酸钙,甲酸铵,乙酸,双乙酸钠,丙酸,丙酸钙,丙酸钠,丙酸铵,丁酸,乳酸,苯甲酸,苯甲酸钠,山梨酸,山梨酸钠,山梨酸钾,富马酸,柠檬酸,酒石酸,苹果酸,磷酸,氢氧化钠,碳酸氢钠,氯化钾,氢氧化铵 |
| 着色剂(6 种) | β-阿朴-8′胡萝卜素醛,辣椒红,β-阿朴-8′-胡萝卜素酸乙酯,虾青素,β-胡萝卜素-4,4-二酮(斑蝥黄),叶黄素(万寿菊花提取物) |
| 调味剂、香米(6 种) | 糖精钠,谷氨酸钠,5′-肌苷酸二钠,5′-鸟苷酸二钠,血根碱,食品用香料均可作饲料添加剂 |
| 粘结剂、抗结块剂和稳定剂[13 种(类)] | α-淀粉,海藻酸钠,羧甲基纤维素钠,丙二醇,二氧化硅,硅酸钙,三氧化二铝,蔗糖脂肪酸酯,山梨醇酐脂肪酸酯,甘油脂肪酸酯,硬脂酸钙,聚氧乙烯 20 山梨醇酐单油酸酯,聚丙烯酸树脂 |
| 其他(10 种) | 糖萜素,甘露低聚糖,肠膜蛋白素,果寡糖,乙酰氧肟酸,天然类固醇萨洒摸皂角苷(YUCCA),大蒜黄,甜菜碱,聚乙烯聚吡咯烷酮(PVPP),葡萄糖山梨醇 |

附表 3-2 无公害肉猪饲料中允许使用的药物饲料添加剂

| 名　称 | 含量规格 | 用法与用量(以有效成分计,1000 千克饲料添加量) | 休药期(天) | 商品名 |
|---|---|---|---|---|
| 杆菌肽锌预混剂 | 10%或15% | 4～40 克(4 月龄以下) | 0 | |
| 黄霉素预混剂 | 4%或8% | 仔猪 10～25 克,生长、肥育猪 5 克 | 0 | 富乐旺 |
| 维吉尼亚霉素预混剂 | 50% | 20～50 克 | 1 | 速大肥 |
| 喹乙醇预混剂 | 5% | 50～100 克,禁用于体重超过 35 千克的猪 | 35 | |
| 阿美拉霉素预混剂 | 10% | 4 月龄以内 20～40 克,4～6 月龄 10～20 克 | 0 | 效美素 |
| 盐霉素钠预混剂 | 5%,6%,10%,12%,45%,50% | 25～75 克 | 5 | 优素精赛可喜 |
| 硫酸粘杆菌素预混剂 | 2%,4%,10% | 仔猪 2～20 克 | 7 | 抗敌素 |
| 牛至油预混剂 | 2.5% | 用于预防疾病12.5～17.5 克,用于治疗疾病25～32.5 克,连用 7 天;用于促生长 1.25～12.5 克 | 7 | 诺必达 |
| 杆菌肽锌、硫酸粘杆菌素预混剂 | 杆菌肽锌 5%硫酸粘杆菌素 1% | 2 月龄以下 2～40 克,4 月龄以下 2～20 克 | 7 | 万能肥素 |
| 土霉素钙 | 5%,10%,20% | 10～50 克(4 月龄以内) | | |

续附表 3-2

| 名　　称 | 含量规格 | 用法与用量(以有效成分计,1000 千克饲料添加量) | 休药期(天) | 商品名 |
| --- | --- | --- | --- | --- |
| 吉他霉素预混剂 | 2.2%,11%,55%,95% | 促生长,5～55 克;防治疾病,80～330 克,连用 5～7 天 | 7 | |
| 金霉素预混剂 | 10%,15% | 25～75 克(4 月龄以内) | 7 | |
| 恩拉霉素预混剂 | 4%,8% | 2.5～20 克 | 7 | |

注 1. 表中所列的商品名是由相应产品供应商提供的产品商品名,给出这信息是为了方便本标准的使用者,并不表示对该产品的认可。如果其他等效产品具有相同的效果,则可使用这些等效产品

注 2. 摘自中华人民共和国农业部农牧发[2001]20 号“关于发布《饲料药物饲料添加剂使用规范》的通知”《药物饲料添加剂使用规范》

# 主要参考文献


1. 山西农业大学,江苏农学院主编．养猪学．北京：农业出版社,1986

2. 胡坚主编．动物营养学．长春：吉林科学技术出版社,1990

3. 李炳坦主编．中国培育品种．成都:四川科学技术出版社,1992

4. 路兴中等．现代猪肉生产理论与实践．北京：农业科学技术出版社,1994

5. 李德发主编．猪的营养．北京：北京农业大学出版社,1994

6. 吕志强主编．养猪手册．保定：河北科学技术出版社,1997

7. 韩俊文,袁世泰,侯喜昌．图说养猪新技术．北京：科学出版社,1998

8. 王俊东主编．兽医学．北京：中国林业出版社,1999

9. 杨公社主编．猪生产学．北京：中国农业出版社,2002

10. 韩俊文,丁森林主编．畜牧业经济管理．北京：中国农业出版社,2003

11. 郝正里主编．畜禽营养与标准化饲养．金盾出版社,2004